BIM在土木工程中的应用研究

杜建莉　赵　露　丁万胜　著

吉林科学技术出版社

图书在版编目（CIP）数据

BIM在土木工程中的应用研究 / 杜建莉，赵露，丁万胜著. -- 长春 : 吉林科学技术出版社，2024.3

ISBN 978-7-5744-1204-0

Ⅰ. ①B… Ⅱ. ①杜… ②赵… ③丁… Ⅲ. ①土木工程—应用软件—研究 Ⅳ. ① TU-39

中国国家版本馆CIP数据核字（2024）第066119号

BIM在土木工程中的应用研究

著 杜建莉 赵 露 丁万胜
出 版 人 宛 霞
责任编辑 程 程
封面设计 树人教育
制 版 树人教育
幅面尺寸 170mm×240mm
开 本 16
字 数 300千字
印 张 13.75
印 数 1~1500册
版 次 2024年3月第1版
印 次 2024年12月第1次印刷

出 版 吉林科学技术出版社
发 行 吉林科学技术出版社
地 址 长春市福祉大路5788号出版大厦A座
邮 编 130118
发行部电话/传真 0431-81629529 81629530 81629531
81629532 81629533 81629534
储运部电话 0431-86059116
编辑部电话 0431-81629510
印 刷 廊坊市印艺阁数字科技有限公司

书 号 ISBN 978-7-5744-1204-0
定 价 85.00元

前　言

随着我国经济建设的高速发展，土木工程项目也在不断增加。BIM 项目是一个建筑信息模型。在项目的不同阶段，不同利益相关方通过在BIM中插入、提取、更新和修改信息，以支持和反映其各自职责的协同作业。简单来说，可以将建筑信息模型视为数码化的建筑三维几何模型。这个模型中，所有建筑构件所包含的信息，除了几何外，还具有建筑或工程数据。这些数据提供给程式系统充分的计算依据，使这些程式能根据构件的数据，自动计算出查询者所需要的准确信息。

随着时代的发展，信息化的不断深入，信息化技术在各领域各行业中都得到了普及。在建筑工程领域中，信息化渗透进入了施工项目的每一个环节，也得到了淋漓尽致的体现，即 BIM。BIM 通过其承载的工程项目信息把其他技术信息化方法（如 CAD/CAE 等）集成起来，从而成为技术信息化的核心、技术信息化横向打通的桥梁，以及技术信息化和管理信息化打通的桥梁。从 1986 年开始推广普及 CAD 技术，2003 年开始推广普及 BLM/BIM 技术，现在，BIM 技术应用日趋成熟，且成了目前建筑行业的中坚力量，得到了广泛使用。它的应用为工程施工活动的开展带来了很多便利。例如，实现同一工程施工各专业对工程项目中心文件的信息数据的共享，进一步促进了各施工单位的协同合作，确保工程有序、顺利地进行。将 BIM 技术应用到项目管理中，可以优化项目造价、工程进度和建筑质量的管理模式，提高项目管理效率。

由于笔者水平有限，时间仓促，书中不足之处在所难免，恳请各位读者、专家不吝赐教。

目 录

第一章　土木工程与BIM基础

第一节　土木工程的定义、特点与作用

一、土木工程的定义

“土木工程”在国务院学位委员会的学科简介中，定义为“建造各类工程设施的科学技术的总称，它既指工程建设的对象（建在地上、地下、水中的各种工程设施），也指所应用的材料、设备和所进行的勘测、设计、施工、保养、维修等技术”。从该定义中可以看出，土木工程具有以下三层含义。

第一层，土木工程是指各类工程设施，即工程建设的对象。工程设施的范围非常广泛，既包含建造在地上或地下、陆上或水中，直接或间接为人类生活、生产、工作、科研、国防服务的各种工程设施，又包含运河、水库、大坝、水渠等水利工程设施，如房屋建筑工程、道路工程、铁路工程、管道运输工程、隧道工程、桥梁工程、运河工程、堤坝工程、港口工程、电站与输变电站工程、飞机场工程、海洋平台工程、给水排水工程、防灾减灾工程、防护工程等。

第二层，土木工程是指建设所需的工程材料和工程机械设备。其中，工程机械设备既包括生产土木工程材料的生产机械，又包括土木工程建设过程中的施工机械。

第三层，土木工程是指一门学科。这既指勘察、测绘、规划、设计等科学技术活动，又指施工、维护、维修、保养、改造、加固、运行管理等生产技术活动，还包括土木工程材料性能试验、工程结构性能试验、工程安全性检测等试验技术活动。

土木工程是一个涉及面极广的普适性行业。土木工程的英文为 Civil Engineering，意为“民用工程”，它的原意是与“军事工程”（Military

Engineering）相对应的，即指除了服务于战争设施以外的、一切为了生活和生产所需要的民用工程设施的总称，但后来，这个界定就不那么明确了。按照学科的划分，地下防护工程、航天发射塔架等设施也属于土木工程的范畴。

目前，土木工程已发展出许多分支，如房屋工程、铁路工程、道路工程、飞机场工程、桥梁工程、隧道及地下工程、特种工程结构、给水排水工程、城市供热供燃气工程、港口工程、水利工程等学科。其中，有些分支，如水利工程，由于自身工程对象的不断增多及专门科学技术的发展，已从土木工程中分化出来成为独立的学科体系，但是它们在很大程度上仍具有土木工程的共性。

二、土木工程的特点

土木工程作为一门应用科学技术，具有以下几个基本属性。

（一）综合性

建造一项工程设施一般要经过勘察、设计、施工和运行管理四个阶段，需要运用工程地质勘察、工程测量、土力学、工程力学、工程设计、建筑材料、建筑设备、工程机械、建筑经济、工程管理等多个学科的知识，因而土木工程是一门涉及学科范围众多的综合性学科。

（二）社会性

土木工程的发展伴随着人类社会的发展，伴随着社会不同历史时期的科学技术和管理水平而发展。它所建造的工程设施反映出各个历史时期社会经济、文化、科学、技术发展的水平，因而土木工程也成为社会历史发展的见证之一。例如，远古时代，人们就开始修筑简陋的房舍、道路、桥梁和沟渠，以满足简单的生活和生产需要。后来，人们为了适应战争、生产、生活及宗教传播的需要，兴建了城池、运河、宫殿、寺庙及其他各种建筑物，如我国的长城、都江堰、京杭大运河等。

（三）实践性

影响土木工程的因素既多又错综复杂，因而土木工程是具有很强实践性的学科。在早期，土木工程是通过工程实践，总结成功的经验，尤其是吸取失败的教训发展起来的。从17世纪开始，以伽利略和牛顿为先导的近代力学同土木工程实践结合起来，逐渐形成以材料力学、结构力学、流体力学、土力学、岩体力学等作为力学理论框架的应用学科。这样土木工程才逐渐从经验发展成为科学。

在土木工程的发展过程中，工程实践经验常先行于理论，工程事故常显示出未能预见的新因素，触发新理论的研究和发展。从古至今，不少工程问题的处理，在很大程度上仍然依靠实践经验。

（四）技术、经济和艺术的统一性

土木工程既然是为人类生活、生产和娱乐服务的，那么它必然与社会相应历史时期的技术、经济和艺术相协调、相统一。人们力求建造最经济的工程设施，用以满足使用者的各种需求（包括审美要求）。而一项工程的经济性又和各项技术活动密切相关，如工程选址、总体规划、设计和施工技术等，这些都影响着工程建设的总投资、工程建成后的经济效益和使用期间的维修费用。

（五）建造过程单项性

土木工程一般按照建设单位的设计任务书和招标要求进行单项设计、单项施工，并且多数是在自然环境中建造。土木工程的建造周期较长，大自然和社会环境的风险较多，因而建造过程中的质量和安全问题十分重要。

三、土木工程的地位与作用

（一）土木工程是关乎人类生存的基础性产业

人类生存与生活离不开衣、食、住、行四件大事，而土木工程密切联系着每个人生活中的这四件事。

1. 衣：纺纱、织布、制衣等均要在工厂内进行，这与土木工程间接有关。

2. 食：打井取水，筑渠灌溉，建水库蓄水，建粮食加工厂、粮仓、冷库等，这都与土木工程间接有关。

3. 住：人类的生活、生产离不开房屋建筑，这与土木工程直接有关。

4. 行：铁路、公路、机场、港口、码头、运河等交通工程设施离不开土木工程，这与土木工程直接有关。

（二）土木工程是国民经济发展的带动性行业

1. 土木工程涉及行业众多

土木工程的上游和下游企业很多，涉及多个行业，如冶金、建材、机械制造、运输等行业。土木工程物资消耗占全国总消耗量的比例分别为：钢材25%、木材40%、水泥70%、玻璃76%、塑料25%、运输量28%。土木工程的发展带动了相关产业的发展和繁荣。

2. 土木工程是挖掘和吸纳劳动力资源的重要平台

土木工程属于劳动密集型产业，其容纳的就业人数占全社会劳动者人数的8%左右，是转移农村富余劳动力，解决就业问题的主要途径。同时土木工程的劳务输出也是我国对外输出的重要方面。

3. 土木工程可以大幅度拉动国民经济增长

政府扩大内需采取积极的财政政策时，重要的资金投向就是土木工程方面的基础建设。一些大型基本建设工程，投资非常巨大，如京九铁路全长超过2000km，预算投入超过400亿元；举世闻名的三峡工程，混凝土用量达 $2.643\times10^{7}\,m^{3}$，总库容 $3.93\times10^{10}\,m^{3}$，决算总投资超过2000亿元；京沪高铁工程、南水北调工程、西气东输工程、青藏铁路工程等总投资均超过千亿元。

4. 土木工程能够吸收大量的消费资金

当人民的生活水平提高到一定程度时，社会消费资金会有较大幅度的增加。这时，会出现三种情况：一是增加消费，使消费资金转化为生产资金，从而刺激生产，使经济向良性循环的方向发展；二是消费结构不合理，市场存在供不应求的现象，这时消费资金的大幅增加会引起通货膨胀；三是储蓄资金增加，这对市场是潜在的压力，却不能通过市场机制用于生产，若处理不当则可能引起生产萎缩。如果后两种情况同时存在，问题就更为严重。许多国家的经验都表明，把社会消费资金（包括储蓄）吸引到住宅消费上来是一个两全其美的办法，这一方面为社会消费资金提供了良好的出路，另一方面也为土木工程提供了大量的生产资金，从而达到引导消费、调整消费结构，促进生产的效果。

5. 土木工程是国家实现经济宏观调控的重要方法

土木工程对国民经济的发展有一定的调节作用，因此当国民经济处于萧条期时，可以通过扩大国家对公共事业的投资，如市政工程、高速公路等，使土木工程不衰落下去，这样也就刺激了与土木工程密切相关的行业的发展，从而引起对其他行业需求的螺旋式增长，使国民经济不出现经济萧条（至少可以缓解国民经济萧条的程度）；反之，当国民经济出现过热现象时，国家可通过压缩公共投资规模、取消对住宅消费的优惠政策等措施，抑制土木工程的发展，这样也就抑制了其他行业的发展，使国民经济走上稳定发展的轨道。

我国实行的是社会主义市场经济，土木工程对国民经济的调节作用是通过扩大或压缩固定资产投资规模来实现的。例如，2008 年由美国两房危机引发的全球金融海啸也波及我国，我国立即出台了投入 4 万亿元的救市措施，其中 60% 属于基础设施和民生工程，这些都与土木工程有关。

6. 土木工程设施是国家财富的重要组成部分

土木工程产值在国内生产总值中占有重要地位，能为社会创造新价值，为国家增加财富积累。长期以来，我国建筑业所创造的总产值和增加值，在社会总产值和国民生产总值中分别占到 10% 和 6% 左右的份额。土木工程创造的固定资产在固定资产形成总值中占有很大比重。据联合国统计，各国用于房屋建造的投资占国民经济生产总值的 6% ~ 12%。此外，土木工程也是政府财政收入的重要来源，其每年提供的税利数一般可占政府财政收入的 10% ~ 40%。

7. 土木工程是关系国计民生的支柱产业

土木工程是国民经济的重要物质生产部门，是国民经济和社会发展的物质技术基础。土木工程建造的产品转给使用者之后，就形成了各种生产性和非生产性的固定资产。它是国民经济各物质生产部门和交通运输部门进行生产的手段，是人民生活的重要物质基础。美国和其他一些西方国家把土木工程与钢铁工业、汽车工业并列为国民经济的三大支柱，我国一直将土木工程与工业、农业、交通运输业、商业合称为五大物质生产部门，可见土木工程在国民经济中所占地位的重要性。

8. 土木工程能够创收外汇，增加国家收入

土木工程走向国际承包市场，既能发展经济、扩大影响，又可以带动资本、

技术、劳务、设备及商品输出创收外汇，这对国家的出口创汇工作起到了不可磨灭的作用。

（三）土木工程在国防军事建设中的作用

从古代最原始的军事工程，到当今现代化的军事建设，土木工程都一直发挥着相当重要的作用。特别是在军事防御方面，土木工程的作用更为突出。

1. 古代军事中土木工程的作用

在冷兵器时代，土木工程在军事防御过程中一直处于相当重要的位置。例如，我国长城的修筑是为了抵御北方的匈奴侵袭，从秦朝起一直到明朝，长城始终在军事防御上发挥着无可替代的作用。又如，在世界范围内，古代的城池多是以高高的城墙包围着城市，再以护城河围护着城墙，以抵御敌人的进攻。毫不夸张地说，在冷兵器时代，土木工程建设对于一个国家有着生死存亡的重要性。

2. 近代军事中土木工程的作用

在近代，土木工程在军事防御建设中的作用依然重要。如碉堡，其用砖、石、钢筋混凝土等建成，主要作用是防守。第二次世界大战时期，碉堡在德国作为避难所，在苏联作为储存场所，在日本和其他国家作为军事检查堡垒。在当今社会，碉堡可能已经失去了曾经在军事防御中的重要地位，但在某些领域依然具有重要的用途，如在恐怖袭击中作为避难所。又如防空洞，其能够有效地保护人们的生命安全，减小敌军空袭带来的损失，因此，目前几乎所有的城市中，高楼大厦下面都有防空洞。

3. 当代军事中土木工程的作用

当代军事技术发展迅速，新型武器不断地被研制出来，传统模式的攻击方式已经改变。面对不同的攻击方式，需要有不同的防御措施。在高技术、信息化的战争中，土木工程的作用显得尤为重要，不仅在军事防御中有着重要的战略意义，在军事建设的很多方面都有着重要作用，如军用机场的建设，水下潜艇基地的建设，核电站、核设施的建设，军港的建设，导弹发射塔的建设，以及军事抢险等。

第二节 土木工程的发展历史

人类出现以来，为了满足住和行及生产活动的需要，从构木为巢、掘土为穴的原始操作开始，到今天能建造摩天大厦、万米长桥，以至于移山填海的宏伟工程，经历了漫长的发展过程。在这期间，土木工程可以分为古代、近代和现代三个阶段。

一、古代土木工程

古代土木工程有着很长的时间跨度，它大致从新石器时代（公元前5000年）开始至17世纪中期。随着年代的推移，古代土木工程具有代表性的有以下几个。

（一）中国黄河流域的仰韶文化遗址和西安半坡村遗址

仰韶文化（公元前5000—前3000年）是我国新石器时代的一种文化。1921年首次发现于河南渑池仰韶村，分布于黄河中下游流域，有残穴和平面为圆形、方形和多室联排呈矩形的地面建筑残迹。西安半坡村遗址（公元前4800—前3600年，于1954年开始发掘）有很多圆形房屋的痕迹，经分析它们是直径为5～6m圆形房屋的土墙，墙内竖有木柱，支承着用茅草做成的屋面，茅草下有起龙骨作用的密排树枝。半坡村遗址中现仍有木柱底的残穴和一些地面建筑残迹。

（二）埃及帝王陵墓建筑群——吉萨金字塔群

其建于公元前27世纪，以古王国第四王朝法老胡夫的金字塔最大。胡夫金字塔塔基呈方形，每边长230.5m，高约146m，由230多万块巨石砌成。塔内有甬道、石阶、墓室等。

（三）中国长城

公元前7世纪的春秋时期，楚国开始建造绵延数百里的长城。秦统一中国后（公元前221年），将战国时期各国修筑的自卫长城连接起来，使其长约

2500km。以后，汉朝、南北朝、隋朝直至明朝都大规模修筑长城。目前西起嘉峪关，东至山海关绵延 8850km 的长城，是明代遗留下来的。

（四）中国四川的都江堰

始建于战国时期秦昭王末年（公元前 256—前 251 年）的四川都江堰大型引水枢纽，是世界历史上最长的无坝引水工程。此工程以灌溉为主，兼有防洪、水运、供水等多种功能，一直沿用至今。其规模之大、规划之周密、技术之合理，均为前所未有。

（五）土耳其的索菲亚大教堂

公元 532—537 年建造于君士坦丁堡（今土耳其伊斯坦布尔）的索菲亚大教堂为砖砌穹顶（圆形球壳）。穹顶直径约 33m，高约 55m，支承在大跨砖拱和用巨石砌筑的巨型柱（截面约 7m × 10m）上。

（六）中国河北的赵州桥

赵州桥又称安济桥，坐落在河北省赵县汶河上。其建于隋代大业年间（公元 605—618 年），由著名匠师李春设计和建造，距今已有约 1400 年的历史，是世界上现存最早、保存最完善的敞肩式单孔圆弧弓形石拱桥。赵州桥全长 50.82m，桥面宽约 10m，跨度 37.02m，采用 28 条并列的石条砌成拱券。拱券矢高 7.23m。拱上设有 4 个小拱，这些小拱既能减轻桥身自重，又便于排洪，且更显美观。该桥在材料使用、结构受力、艺术造型和经济上都达到了极高成就。

（七）中国山西应县木塔

应县木塔即佛宫寺释迦塔，建成于公元 1056 年，为八角形，塔高 67.3m，底层直径 30.27m。该塔共 9 层，其中 8 层是用 3m 左右长的木柱支顶重叠而成，为一内外两环柱网、用交圈的扶壁拱组成的双层套筒式结构。应县木塔是保存至今的唯一木塔，也是我国现存的最高木结构之一。它经多次大地震仍完整无损，足以证明我国历史上木结构的辉煌成就。

（八）中国的宫殿及庙宇建筑

中国历代封建王朝建造的大量宫殿和庙宇建筑都是木构架结构。木构架结构是用木梁、木柱做成承重骨架，用木质斗拱做成大挑檐，四壁墙体都是自承重隔断墙的一种结构。

（九）西欧的教堂建筑

以意大利比萨大教堂和法国巴黎圣母院为代表的西欧教堂建筑，采用的是砖石拱券结构。

在这个历史时期，土木工程所用的材料最早只是当地的天然材料，如泥土、砾石、树干、树枝、竹、茅草、芦苇等。后来发展了土坯、石材、砖、瓦、木、青铜、铁、铅以及混合材料如草筋泥、混合土等。土木工程的工艺技术，最早只是利用石斧、石刀等简单工具，后来发展了斧、凿、钻、锯、铲等青铜和铁质工具，兴起了窑制和煅烧加工技术，以及打桩机、桅杆起重机等施工机械。工程上的分工也日益细致，分化为木工、瓦工、泥工、土工、窑工、雕工、石工、彩画工等。

但是，在这个历史时期内，除了有一些经验总结和形象描述土木工程的著作，如中国的《考工记》（公元前5世纪）、《营造法式》（公元1100年），意大利的《论建筑》（文艺复兴时期阿尔贝蒂著）外，土木工程缺乏理论上的依据和指导。

二、近代土木工程

近代土木工程的时间跨度为从17世纪中期至20世纪中期的300年。这个历史时期内土木工程的主要特征是：①有力学和结构理论作为指导；②砖、瓦、木、石等建筑材料日益得到广泛的使用，混凝土、钢材、钢筋混凝土以及早期的预应力混凝土得到发展；③施工技术进步很大，建造规模日益扩大，建造速度大大加快。在这个历史时期，以下几件大事具有重要意义。

1. 意大利学者伽利略在1638年出版的著作《关于两门新科学的谈话和数学证明》中，论述了建筑材料的力学性质和梁的强度，首次用公式表达了梁的设计理论。

2. 英国科学家牛顿在1687年总结了力学三大定律，它们是土木工程设计理论的基础。

3. 瑞士数学家欧拉 1744 年出版的《曲线的变分法》建立了柱的压屈理论，得到计算柱的临界受压力的公式，为分析土木工程结构物的稳定问题奠定了基础。

4.1825 年，纳维建立了土木工程中结构设计的容许应力分析法；19 世纪末，里特尔等人提出极限平衡的概念。他们都为土木工程的结构理论分析打下了基础。

5.1824 年，英国人阿斯普丁取得了波特兰水泥的专利权，1850 年开始生产水泥。水泥是形成混凝土的主要材料，这使得混凝土在土木工程中得到了广泛的应用。后来，在 20 世纪初，有人发表了水灰比等学说，初步奠定了混凝土强度的理论基础。

6.1859 年，贝塞麦转炉炼钢法被发明出来，使得钢材得以大量生产，并能越来越多地应用于土木工程。

7.1867 年，法国人莫尼埃用铁丝加固混凝土制成花盆，并把这种方法推广到工程中，建造了一座蓄水池，这是应用钢筋混凝土的开端。1875 年，他主持建造了第一座长 16m 的钢筋混凝土桥。

8.1883 年，“摩天楼之父”詹莱在美国的芝加哥建造了 11 层住宅保险大楼。该楼是世界上最早用铁框架（部分钢梁）承受全部大楼里的重力，外墙仅为自承重墙的高层建筑。同一年（1883），美国建成世界上第一座大跨钢悬索桥——布鲁克林大桥，其跨度为 930 + 1595 + 930（284 + 486 + 284m）。1889 年，法国在巴黎建成高 300m 的埃菲尔铁塔，该塔使用钢约 8000t。它们是近代高层建筑结构的萌芽。此外，由奥蒂斯在 19 世纪 50 年代初期发明的安全升降机也使高层建筑成为可能。升降机最先采用的是蒸汽动力升降机，直到 1857 年在纽约才安装了第一台乘人用的升降机。

9.1886 年，美国人杰克逊首先应用预应力混凝土制作建筑配件，后又用它制作楼板。1930 年，法国工程师弗涅希内将高强度钢丝用于预应力混凝土，克服了因混凝土徐变造成所施加的预应力完全丧失的问题。于是，预应力混凝土在土木工程中得到了广泛应用。

10. 土木工程在铁路、公路、桥梁建设中得到了大规模发展，代表成果有以下几个方面。

① 1825 年，英国人斯蒂芬森在英格兰北部斯托克顿和达灵顿之间修筑了

世界第一条铁路，长约 21km。1863 年，英国在伦敦建成了世界第一条地下铁道。

② 1779 年，英国用铸铁建成跨度为 30.5m 的拱桥；1826 年，英国用锻铁建成一座跨度为 177m 的悬索桥；1890 年，英国又建成两孔主跨达 521m 的悬臂式桁架梁桥。至此，现代桥梁的三种基本形式（梁桥、拱桥、悬索桥）相继出现。

③ 1905—1908 年，中国铁路工程先驱詹天佑建造了京张（北京—张家口）铁路。该铁路全长约 200km，造价仅为当时西方各国在中国建造铁路每公里造价的 1/3 ~ 1/2。京张铁路的修筑技术达到了当时的世界先进水平，其中，八达岭隧道长 1091m、列车爬坡 3.33%，使该路成为当时的世界奇迹。

④ 1931—1942 年，德国率先修筑了总长约 3860km 的高速公路网。

（11）1906 年美国旧金山大地震，1923 年日本关东大地震，这些自然灾害推动了结构动力学和工程抗震技术的发展。

三、现代土木工程

第二次世界大战之后，许多国家经济起飞，现代科学技术迅速发展，从而为土木工程的进一步发展提供了强大的物质基础和技术手段，开始了以现代科学技术为后盾的土木工程新时代。现代土木工程有如下特点。

（一）土木工程功能化

土木工程功能化，即土木工程日益同它的使用功能或生产工艺紧密结合，主要表现在以下三方面。

1. 公共和住宅建筑物要求建筑、结构、给水排水、采暖、通风、供燃气、供电等现代技术设备结合成整体。

2. 工业建筑物往往要求恒温、恒湿、防微振、防腐蚀、防辐射、防火、防爆、防磁、除尘、耐高（低）温、耐高（低）湿，并向大跨度、超重型、灵活空间方向发展。

3. 发展高科技和新技术对土木工程提出高标准要求。例如，发展核工业需要建造安全度极高的核反应堆和核电站；研究微观世界需要建造技术要求极高的加速器工程；发展海洋采、炼、贮油事业要求建造多功能的海洋工程，如海上采油平台、海上炼油厂、海底油库等。

（二）城市建设立体化

20世纪中期以来，城市建设有以下三个趋向。

1. 高层建筑的大量兴起

由于城市人口大量集聚，密度猛增，造成城市用房紧张、地价昂贵，这迫使建筑物向空间发展，不少国家的高层建筑几乎占整座城市建筑面积的30% ~ 40%。美国的高层建筑数量最多，高度在160 ~ 200m的建筑就有100多幢。20多年来，中国、马来西亚、新加坡、韩国等东南亚国家的高层建筑得到了很大的发展。目前，世界最高的钢筋混凝土结构建筑为450m高的马来西亚石油双塔大厦，最高的钢混组合结构为828m高的迪拜哈利法塔。

2. 地下工程的高速发展

地下工程，如地下铁道、地下商业街、地下停车库、地下体育馆、地下影剧院、地下工业厂房、地下仓库等，发展迅速，在有些城市已经形成规模宏大的地下建筑群。

3. 城市高架公路、立交桥大量涌现

例如，北京从1974年开始建造第一座全互通式立交桥起，仅至1996年就建成各种形式和不同类型的道路立交桥160余座。它们的修建，不仅缓解了城市交通的拥挤、堵塞现象，而且为城市建设的面貌增添了风采。

（三）交通运输高速化

交通运输高速化的标志有以下几个。

1. 高速公路的大规模修建

据不完全统计，21世纪初全世界有60多个国家和地区拥有高速公路，总长约1.7×10^5 km，其中有近20个国家和地区拥有1000 km以上，如美国约8.4×10^4 km，德国约9×10^3 km。我国2016年年底时高速公路通车里程已达12.45×10^4km，成为世界第一高速公路大国。高速公路已在一定程度上取代了铁路的职能。

2. 铁路电气化的形成和大量发展

1964年10月，日本东京至大阪的“新干线”行车速度达到210km/h，为普通铁路列车行车时速的3倍。1981年，法国巴黎到里昂的高速铁路运行时速高达270km/h，把高速铁路的发展推向新阶段。1983年，德国建设了一条长32km的磁悬浮列车试验线，行驶速度达412km/h。我国高速铁路起步于2005年，2010年开通的京沪高速铁路设计速度300km/h，全长1318km，投资2000多亿元，是目前世界上一次建成的最长的高速铁路。2017年年底，全国铁路营业里程 12.7×10^4 km，其中高铁 2.5×10^4 km，占世界高铁总量的66.3%，铁路电气化率、复线率分别居世界第一和第二。

3. 长距离海底隧道的出现

日本的青函海底隧道越过津轻海峡，连接本州（青森）与北海道（函馆），长53.85km，是世界上最长的海底铁路隧道。它埋深100m，海水深度为140m。英法之间的英吉利海峡隧道于1990年贯通，它长50.5km，最浅处埋深45m，海水深度60m。上海黄浦江打浦路隧道是我国第一条水底隧道，于1970年建成通车，全长2.76km。

四、未来土木工程

由于社会发展出现了以上三方面的要求，必然使得构成土木工程的三个要素：材料、施工和设计理论，以及工程教育理论也出现新的发展趋势。

（一）建筑材料的轻质高强化

现在，建筑材料正向轻质高强化发展。其中，普通混凝土向轻骨料混凝土、加气混凝土和高性能混凝土方向的发展尤其迅速。混凝土的密度由2400kg/m³降至600～1100kg/m³，抗压强度由20～40MPa提高到60～100MPa，其他性能得到了很大改善。此外，钢材也在向低合金、高强度方向发展。一批轻质高强材料，如铝合金、建筑塑料、玻璃钢也得到了迅速发展。

（二）施工过程的工业化、装配化

在现代土木工程中，出现了在工厂里成批生产房屋、桥梁等的各种构配件、组合体，再将它们运到建设现场进行拼装的施工方式。此外，各种先进的施工手段，如大型吊装设备、混凝土自动搅拌输送设备、现场预制模板、石方工程中的定向爆破等，也得到了很大发展。

（三）设计理论的精确化、科学化

设计理论精确化、科学化表现为理论分析由线性分析到非线性分析，由平面分析到空间分析，由单个分析到系统的综合整体分析，由静态分析到动态分析，由经验定值分析到随机分析乃至随机过程分析，由数值分析到模拟试验分析，由人工手算、人工做比较方案、人工制图到计算机辅助设计、计算机优化设计、计算机制图。此外，土木工程学的学科理论，如可靠性理论、土力学和岩体力学理论、结构抗震理论、动态规划理论、网格理论等也得到了迅速发展。

（四）工程教育理念的工程化

20世纪中期以来，随着科学、技术和工业化程度的迅猛发展，工程教育的理念也在不断进步。许多国家的工程教育从侧重“工程技术教育”进步到侧重“工程科学教育”。20世纪90年代，美国工程教育界提出“回归工程”，强调技术和科学教育的内容必须与工程实践紧密结合，成为“工程教育”。不久之后，美国麻省理工学院校长又提出“大工程观”（Engineering with a Big E）的教育理念，它指的是工程教育所培养的人才要有宏远的工程视野、工程中多学科知识及其所需要的科学基础素养，以及相应的人文情怀和工程组织素质。这些工程教育理念已为我国高等工程教育所重视。

第三节　BIM的内涵

一、BIM的起源与发展

千百年来，人们一直以二维的图形文件作为表达设计构思的手段和传递信息的媒介，但二维的信息表达方式本身具有很大的局限性，限制了人们的构思和交流，于是人们开始借助模型来表达构思或分析事物。模型，从本义上讲，是原型（研究对象）的替代物，是用类比、抽象或简化的方法对客观事物及其规律的描述，模型所反映的客观规律越接近真实规律、表达原型附带的信息越详尽则模型的应用水平就越高。在早期阶段，建筑师常常制作实体模型来作为建筑表现手段，随着计算机技术的发展，研究人员开始在计算机上进行三维建模。早期的计算机三维模型是用三维线框图去表现建筑物，这种模型比较简单，仅能用于几何形状和尺寸的分析。后来出现了用于三维建模和渲染的软件，可以给建筑物表面赋予不同的颜色以代表不同的材质，可以生成具有实景效果的三维建筑图，但是这种三维模型仅仅是建筑物的表面模型，没有建筑物内部空间的划分，只能用来推敲设计的体量、造型、立面和外部空间，并不能用于设计分析和施工规划。随着建筑工程规模越来越大，附加在建筑工程项目上的信息量也越来越大。

当代社会对信息的日益重视使人们认识到信息会对项目整个建设周期乃至整个生命周期产生重要影响，信息利用水平直接影响着项目建设目标的实现水平。因此，十分需要在建筑工程中应用合理的方法和技术来处理各种信息，建立起科学的、能够支持项目整个建设周期的信息模型，实现对信息的全面管理。

近些年来，BIM 无论是作为一种新的理念，还是作为一种新的生产方式都得到了业内的广泛关注。很多人都认为 BIM 是一个新事物，但实际上，BIM 的思想由来已久。早在 40 多年前，被誉为“BIM 之父”的 Chuck Eastman（1975）教授就提出了 BIM 的设想，预言未来将会出现可以对建筑物进行智能模拟的计算机系统，并将这种系统命名为“Building Description System”。在 20 世纪 70 年代和 80 年代，BIM 的发展虽受到 CAD 的冲击，但学术界对 BIM 的研究从来没有中断。在欧洲，主要是芬兰的一些学者对基于计算机的智能模型系统“Product Information Model”进行了广泛的研究，而美国的研究人员则把这种系统称之为“Building Product Model”。1986 年，美国学者 Robert Aish 提出了“Building Modeling”的概念，这一概念与现在业内广泛接受的 BIM 概念非常接近，包括三维特征、自动化的图纸创建功能、智能化的参数构件、关系型数据库等。在“Building Modeling”概念提出不久，Building Information Modeling 的概念就被提出。但当时受计算机硬件与软件水平的影响，BIM 的思想还只是停留在学术研究的范畴，并没有在行业内得到推广。BIM 真正开始流行是在 2000 年之后，得益于软件开发企业的大力推广，很多业内人士开始关注并研究 BIM。目前，与 BIM 相关的软件、互操作标准都得到了快速的发展，Autodesk、Bentley、Graphsoft 等全球知名的建筑软件开发企业纷纷推出了自己的产品，BIM 不再是学者在实验室研究的概念模型，而是变成了在工程实践中可以实施的商业化工具。

二、BIM的定义

（一）BIM 的概念

BIM 真正开始流行是在 2000 年之后，得益于软件开发企业的大力推广。BIM 开始引起业内人士的关注，很多组织都对 BIM 的含义进行过诠释，其中既有著名的软件公司（Autodesk、Bentley 和 Graphisoft）和建筑企业（DPR 建筑公司、Magraw-Hill 建筑信息公司），也有行业协会（美国建筑师协会 AIA、美国总承包商协会 AGC）、政府部门（美国总务管理局 GSA）和科研机构（美国建筑科学研究院 NIBS、佐治亚理工大学建筑学院）。

Autodesk 公司是全球最大的建筑软件开发商，也是对 BIM 研究最为深入的组织之一。自 2000 年后，Autodesk 公司一直致力于在全球范围内推广 BIM。其发布的《Autodesk BIM 白皮书》对 BIM 进行了如下定义（Autodesk 2002）：BIM 是一种用于设计、施工、管理的方法，运用这种方法可以及时并持久地获得质量高、可靠性好、集成度高、协作充分的项目信息。

美国建筑科学研究院联合设施信息委员会等国际著名的建筑协会一起编制了国家建筑信息模型标准 NBIMS（NIBS 2008），其中对 BIM 进行了如下定义，建筑信息模型（Building Information Model）是对设施的物理特征和功能特性的数字化表示，它可以作为信息的共享源从项目的初期阶段为项目提供全寿命周期的信息服务，这种信息的共享可以为项目决策提供可靠的保证。这一定义是目前对 Building Information Model 较为权威的阐释，在行业内得到了广泛认可。

国际标准组织——设施信息委员会（FIC 2008）对 BIM 进行了定义：BIM 是在开放的工业标准下对设施的物理和功能特性及其相关的项目生命周期信息的可计算或可运算的形式表现，从而为决策提供支持，以便更好地实施项目的价值。

根据维基百科的定义（en.wikipedia.org 2009），建筑信息模型（Building Information Modeling，BIM）是指在建筑设施的全寿命周期创建和管理建筑信息的过程。这一过程需要在设计与施工的全过程应用三维、实时、动态的模型软件来提高建设生产效率，而创建的模型（Building Information Model）涵盖了几何信息、空间信息、地理信息、各种建筑组件的性质信息及工料信息。

美国的佐治亚理工大学 Georgia Tech 的 Chuck Eastman 教授被誉为“BIM 之父”，他与另外三位 BIM 研究专家在《BIM 手册》中对 BIM 进行了如下定义，Building Information Model 是对建筑设施的数字化、智能化表示，Building Information Modeling 是应用这种模型进行建筑物性能模拟、规划、施工、运营的活动，建筑信息模型不是一个对象，而是一种活动。

在我国已颁布的《建筑信息模型应用统一标准》（GB/T 51212—2016）和《建筑信息模型施工应用标准》（GB/T 51235—2017）中将 BIM 定义为，建筑信息模型 building information modeling，building information model（BIM），在建设工程及设施全生命期内，对其物理和功能特性进行数字化表达，并依此设计、施工、运营的过程和结果的总称。

从上述定义中可以看出，Building Information Model 和 Building Information Modeling 虽然都可以缩写为 BIM，但却有着不同的含义。前者是一个静态的概念，而后者是一个动态的概念。因此，本节对 BIM 含义的分析也从静态与动态两个方面加以理解：静态的建筑信息模型可以从 Building、Information、Model 三个方面去解释。Building 代表的是 BIM 的行业属性，BIM 服务的对象是建筑业而非其他行业，其他行业也有产品数据模型，如制造业的 Product Data Model。Information 是 BIM 的灵魂，BIM 的核心是在不同的项目阶段为不同的组织提供各种与建筑产品相关的信息，包括几何信息、物理信息、功能信息、价格信息等。Model 是 BIM 的信息创建和存储形式，建筑设施的信息可以表达成多种方式，如图纸、文本文件、excel 表格等，而 BIM 中的信息是以模型的形式创建和存储的，而这个模型具有三维、数字化、面向对象等特征。由于建筑物的方案、设计、施工、交付是一个过程，因此，Building Information Model 的应用也是一个过程，应用模型来进行设计、建造、运营、管理的过程可以被认为是 Building Information Modeling，而随着建设过程的推进，Building Information Model 中的信息也在不断地被补充和完善。例如，方案设计阶段的 BIM 模型需要有房间功能和系统功能信息，扩充设计阶段的 BIM 模型需要有空间布置、房间数量、房间功能、系统信息、产品尺寸等信息，施工阶段的 BIM 模型需要有竣工资料、产品数据、序列号、标记号、产品保用书、备件、供应商等信息，因此，BIM 模型中的信息在不断地被补充和完善，而不是静止不变的。“BIM” 根据其应用背景不同可有不同的含义，当表达静态模型的含义时，可以理解为是 Building Information Model 的缩写，当特指模型应用过程时，可以理解为是 Building Information Modeling 的缩写。

（二）BIM 概念的扩展

随着 BIM 应用范围的日益广泛和应用层次的逐渐深入，BIM 的内涵也在不断发生变化。Autodesk（2007）提出，BIM 不仅仅是一种建筑软件的应用，它还代表了一种新的思维方式和工作方式，它的应用是对传统的以图纸为信息交流媒介的生产范式的颠覆；Finith（2007）在其著作《广义 BIM 与狭义 BIM》中指出，BIM 的内涵具有狭义和广义之分，狭义的 BIM 主要指对 BIM 软件的应用，广义的 BIM 考虑了组织与环境的复杂性及关联性对信息管理的影响，目的是帮助项目在适当的时间、地点获取必要的信息。麦格劳·希尔建筑信息公司（2007）在其出版的 BIM 专著《建筑信息模型——利用 4D CAD 和模拟来规划和管理项目》中对 BIM 的内涵做出了这样的界定：BIM 不仅仅是一种工具，也是通过建立模型来加强交流的过程，作为一种工具，它可以使项目各参与方共同创建、分析、共享和集成模型，作为一个过程，它加强了项目组织之间的协作，并使他们从模型的应用过程中受益。美国建筑科学研究院在《国家建筑信息模型标准》（NBIMS）中对广义 BIM 的含义做了阐释（NIBS 2008）：BIM 包含了三层含义，第一层是作为产品的 BIM，即指设施的数字化表示；第二层含义是指作为协同过程的 BIM；第三层是作为设施全寿命周期管理工具的 BIM。Chuck Eastman 教授（2008）在著作 *BIM Handbook* 中指出 BIM 并不能简单地被理解为一种工具，它体现了建筑业广泛变革的人类活动，这种变革既包括了工具的变革，也包含了生产过程的变革。由此可见，随着 BIM 理论的不断发展，广义的 BIM 已经超越了最初的产品模型的界限，正被认同为一种应用模型来进行建设和管理的思想和方法，这种新的思想和方法将引发整个建筑生产过程的变革。

国际 BIM 最权威组织是 BSI（Building SMART International），在“The BIM Evolution Continues with OPEN BIM”的论文中表达出准确的观点，被业内人士所广泛接受和认可。相关观点如下：

BIM 是一个缩写，代表三个独立但相互联系的功能：

Building Information Modeling 是一个在建筑物生命周期内设计、建造和运营中产生和利用建筑数据的业务过程。BIM 让所有利益相关者有机会通过技术平台之间的互用性同时获得同样的信息。

Building Information Model 是设备的物理和功能特性的数字化表达。因此，它作为设施信息共享的知识资源，在其生命周期中从开始起就为决策形成了可靠的依据。

Buildling Information Management 是对在整个资产生命周期中，利用数字原型中的信息实现信息共享的业务流程的组织与控制。其优点包括集中的、可视化的通信，多个选择的早期探索，可持续发展的、高效的设计，学科整合，现场控制，竣工文档等——使资产的生命周期过程与模型从概念到最终退出都得到有效发展。

从以上可以看出，BIM 的含义比起它问世时已大大拓展，它既是 Building Information Modeling，同时也是 Building Information Model 和 Building Information Management。

结合前面有关 BIM 的各种定义，连同 NBIMS-US 和 BSI 这两段的论述，可以认为，BIM 的含义应当包括三个方面：

① BIM 是设施所有信息的数字化表达，是一个可以作为设施虚拟替代物的信息化电子模型，是共享信息的资源，即 Building Information Model，称为 BIM 模型。

② BIM 是在开放标准和互用性基础之上建立、完善和利用设施的信息化电子模型的行为过程，设施有关的各方可以根据各自职责对模型插入、提取、更新和修改信息，以支持设施的各种需要，即 Building Information Modeling，称为 BIM 建模。

③ BIM 是一个透明的、可重复的、可核查的、可持续的协同工作环境，在这个环境中，各参与方在设施全生命周期中都可以及时联络，共享项目信息，并通过分析信息，做出决策和改善设施的交付过程，使项目得到有效的管理，也就是 Building Information Management，称为建筑信息管理。

在以上的观点中，BIM 模型是基础，因为它提供了共享信息的资源，有了资源才有发展到 BIM 建模和建筑信息管理的基础；而建筑信息管理则是实现 BIM 建模的保证，如果没有一个实现有效工作和管理的环境，各参与方的沟通联络以及各自负责对模型的维护、更新工作将得不到保证。BIM 建模是最重要的部分，它是一个不断应用信息完善模型、在设施全生命周期中不断应用信息的行为过程，最能体现BIM的核心价值。但是不管怎样，在BIM中最核心的东西就是“信息”，正是这些信息把三个部分有机地串联在一起，形成一个BIM整体。如果没有了信息，也就不会有BIM。

（三）BIM的衡量标准

尽管BIM的概念已经表达了BIM工具应具有的特征，但仅凭概念仍难以准确掌握，不少人将BIM和传统的三维建模工具（如3D Max、3D CAD）等同起来。为了能更好地认识和区分BIM工具和传统的三维建模工具的差别，有些组织和研究人员提出了BIM的衡量标准。

Chuck Eastman等（2008）提出BIM应具备以下四个特征。

①采用智能化（计算机可以识别的）与数字化的方式来表示建筑构件；

②构件中内含的信息可以表达构件的属性和行为，支持数字化分析工作；

③模型中所有的信息都可以达到一致关联；

④模型的数据库将作为建设过程中产品信息的唯一来源。

2006年，美国资深BIM应用单位M.A.Mortenson公司提出了BIM衡量标准。该公司是美国最早将BIM应用于实践的承包商，曾在建造世界著名的迪士尼音乐厅项目中成功应用BIM技术。该公司将BIM理解为对建筑设施的智能化模拟，并认为成熟的BIM需具备以下六个特征。

①数字化：可以对设计和施工过程进行模拟；

②多维化：模型须是三维的，可以更好表达复杂的建设情景；

③可量化：模型中的数据需是定量的、可计量维度的、可查询的；

④全面性：模型应能反映设计意图、体现建筑效果、可以考察设施的可建造性、能反映设施的时间和财务信息；

⑤可获得性：项目中的不同参与方可通过协同工作来获得所需的数据；

⑥可持久性：模型中的信息可以用于项目的各个阶段。

国内BIM专家何关培先生认为，可以称之为BIM工具的软件应包括以下五个特征。

①可视化：具有“所见即所得”的功能；

②协调：可以利用软件发现和解决不同系统中存在的冲突和障碍；

③模拟：能够对现实中的建设任务进行虚拟演示和分析；

④优化：在模拟分析的基础上可以对建设任务提出改进的方向；

⑤出图：根据创建的模型自动生成图纸。

美国《国家建筑信息模型标准》指出，BIM 的概念、含义及工具都处在不断发展的过程中，随着其技术水平的提高和应用的深入，业界对 BIM 的认识正在逐渐提高，同时对 BIM 的衡量标准也会逐渐提高。因此，BIM 是一个不断发展变化的概念。该报告提出了用 11 个指标来衡量 BIM 的成熟度，即数据的丰富性、全寿命周期视角、变更管理、多专业的协作、业务流程、实时性、信息交流的方式、图形化的信息、空间定位能力、信息的精确性、协同能力。在这 11 项指标中，信息的可视化、精确性、数据的丰富性、有效传递性及协同性五项指标是对当前 BIM 工具的要求，而全寿命周期视角、业务流程变革、数据采集的实时性和空间定位能力等要求则不作为当前阶段 BIM 应用的基本要求，而是在将来需要实现的目标。

上述 BIM 界定标准虽然存在一定的差异，但造成差异的原因在于评价角度不同。本书认为，在当前阶段，凡是具有多维化、参数化、智能化基本特征的建筑生产工具都可以认为是 BIM 工具，BIM 工具不是针对某一参与方和某一阶段的某一种工具，它包括服务于整个建设生产周期的所有软件，如设计、分析、模拟、造价等。当然，随着时间的推移，对 BIM 工具的技术和功能要求也会越来越高，BIM 工具的界定标准也会不断提高，现在被认为达到 BIM 工具基本要求的设计、分析软件在将来可能就无法满足对 BIM 的界定标准。

（四）BIM 模型架构

人们常以为 BIM 模型是一个单一的模型，但到了实际操作层面，由于项目所处的阶段不同、专业分工不同、实现目标不同等多种原因，项目的不同参与方还必须拥有各自的模型，如场地模型、建筑模型、结构模型、设备模型、施工模型、竣工模型等。这些模型是从属于项目总体模型的子模型，但规模比项目的总体模型要小。

所有的子模型都是在同一个基础模型上生成的，这个基础模型包括了建筑物最基本的构架：场地的地理坐标与范围、柱、梁、楼板、墙体、楼层、建筑空间等，而专业的子模型就是在基础模型的上面添加各自的专业构件形成的，这里专业子模型与基础模型的关系就相当于一个引用与被引用的关系，基础模型的所有信息被各个子模型共享。

因此，BIM 模型的架构通常包含四个层次：子模型层、专业元素层、共享元素层和资源数据层（图 1-1），这四层全部总体合称为项目的 BIM 模型。

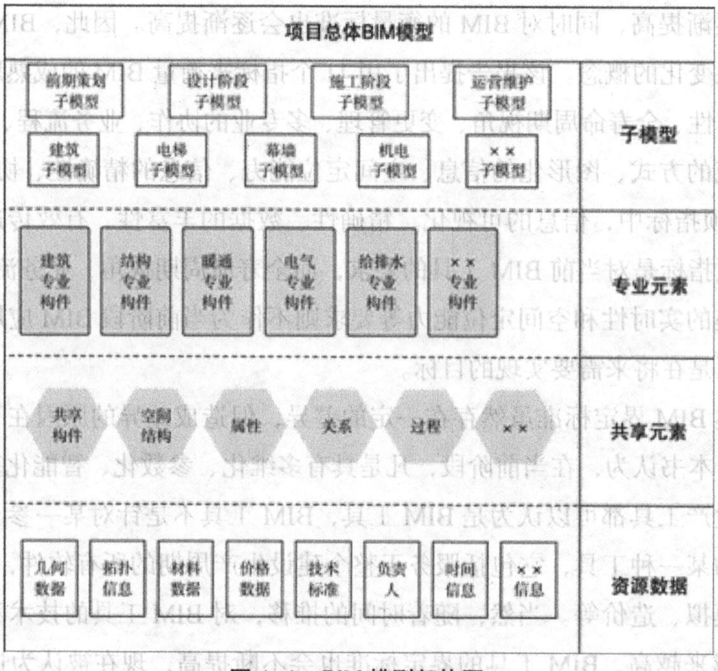

图 1-1　BIM 模型架构图

BIM 模型各层应包括的元素如下：

①子模型层包括按照项目全生命周期中的不同阶段创建的子模型，也包括按照专业分工建立的专业子模型；

②专业元素层包含每个专业特有的构件元素及其属性信息，如结构专业的基础构件、给排水专业的管道构件等；

③共享元素层包括基础模型的共享构件、空间结构划分（如场地、楼层）、相关属性、相关过程（如任务过程、事件过程）、关联关系（如构件连接的关联关系、信息的关联关系）等元素，这里所表达的是项目的基本信息、各子模型的共性信息以及各子模型之间的关联关系；

④资源数据层应包括描述几何、材料、价格、时间、责任人、物理、技术标准等信息所需的基本数据。

在 BIM 模型构建过程中，应保证以下几点内容：

① BIM 软件宜采用开放的模型结构，也可采用自定义的模型结构。

② BIM 软件创建的模型，其数据应能被完整提取和使用。

③子模型应根据不同专业或任务需求创建和统一管理，并确保相关子模型之间信息共享。

④模型应根据建设工程各项任务的进展逐步细化，其详细程度宜根据建设工程各项任务的需要和有关标准确定。

三、BIM的技术特征

（一）参数化

BIM 几乎不用以 CAD 为基础的技术，它的核心技术是参数化建模技术。操作对象不再是点、线、圆这些简单的几何对象，而是墙体、门、窗、梁、柱等建筑构件，如图 1-2 所示。BIM 将设计模型（几何形状与数据）与行为模型（变更管理）有效结合起来，在屏幕上建立和修改的不再是一堆没有建立起关联关系的点和线，而是由一个个建筑构件组成的建筑物整体。BIM 立足于在数据关联的技术上进行三维建模，模型建立后，可以随意生成各种平、立、剖二维图纸，并保持视图之间实时、一致的关联。如果修改了平面图，相关的修改马上就可以在立面图、剖面图、效果图、明细统计表以及其他相关图纸上表达出来，杜绝了图纸之间不一致的情况，这样可以减少设计引起的错误，提高设计工作效率，保证设计质量。

（二）多维化

相比 CAD 设计软件，BIM 的最大特点就是摆脱了几何模型的束缚，开始在模型中承载更多的非几何信息。例如，材料的耐火等级、材料的传热系数、构件的造价与采购信息、重量、受力状况等一系列扩展信息。建筑信息模型中的基本构件元素叫作族，它不仅包括了构件的几何信息，还包括了构件的物理信息和功能信息。随着建设过程的延伸，有关建筑产品的信息会不断被以结构化的形式保存，实现建设过程信息的连续流动。正是 BIM 构件信息的多元化特征使其除了具有一般 3D 模型的功能外，还可以模拟建筑设施的一些非几何属性，如能耗分析、照明分析、冲突检查等。

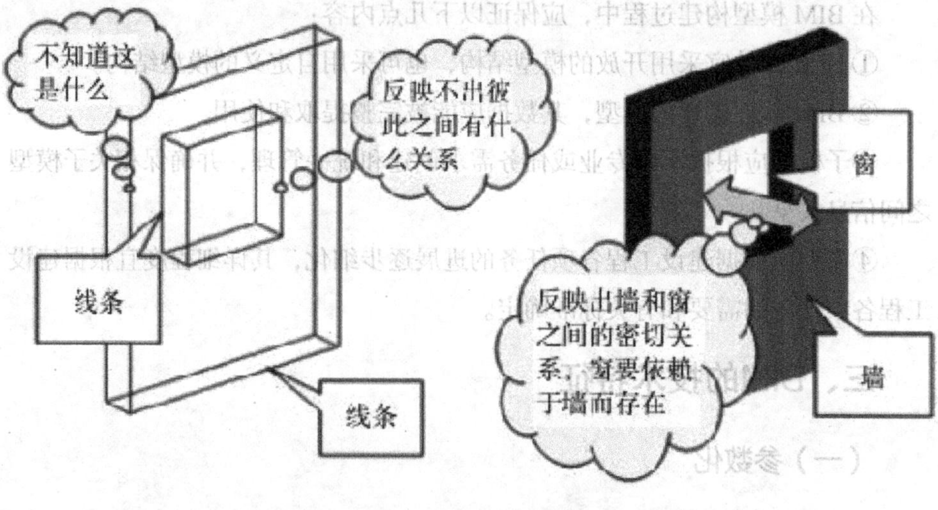

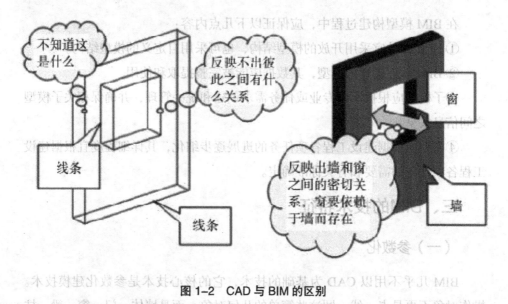

图 1–2 CAD 与 BIM 的区别

（三）可协作性

由于 BIM 内含的信息覆盖范围包括了项目的整个建设周期，模型必须包含相当多的建筑元素才能满足项目各参与方对信息的需求。从理论上说，BIM 系统实现方法有两种，一种是使用单一中央数据库的综合模型，另一种是使用联合数据库的分类模型。从计算机实现的角度来看，使用单一中央数据库的综合模型困难较大，统一的中央数据库需要包含建筑模块、结构分析模块、预算模块、能耗分析等评估模块以及一些辅助决策模块等。这样一个高度集成的系统需要耗费大量的资源进行维护，特别是对大型建设项目而言，统一的数据库不仅难以管理而且风险很大，可操作性不强。而使用联合数据库的分类模型则可以有效克服上述弊端，让不同专业的组织参与方通过一个模型进行交流。如图 1-3 所示，从设计准备到扩初设计再到施工图设计的各阶段，不同的组织参与方通过基本模型获取所需的信息来完成自己的专业模型，然后把他们的成果通过 IFC 格式交换反馈到信息模型当中，传递到下一个阶段以供使用和参考，这种系统可行性强，而且模型在整个生命周期中可以充分利用。事实上，目前使用的 BIM 系统大都采用联合数据库的分类模型，而最终的信息集成则依靠专门的集成软件来实现。

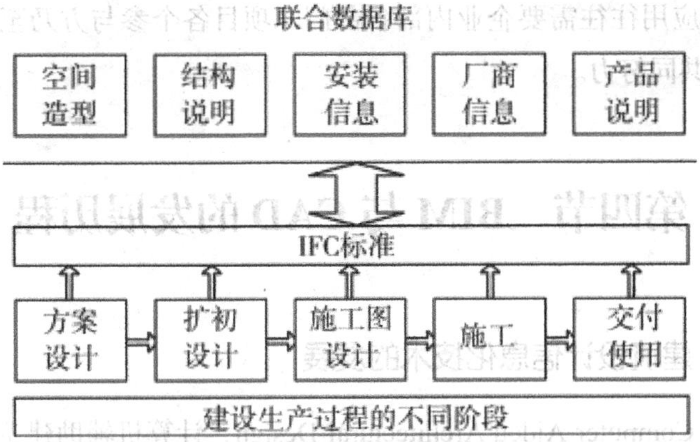

图 1-3　BIM 的分布式数据库模型

（四）标准化

BIM 的核心是数据的交换与共享，而解决信息交换与共享的核心在于标准的建立，有了统一的数据表达和交换标准，不同系统之间才能有共同语言，数据的交换和共享才能实现。基于这种思想，国际协同工作联盟 IAI（International Alliance for Interoperability）制定了建筑业国际工业标准 IFC（Industry Foundation Classes）。IFC 是一个计算机可以处理的建筑数据表示和交换标准，其目标是提供一个不依赖于任何具体系统的，适合于描述贯穿整个建筑项目生命周期内产品数据的中性机制，可以有效地支持建筑行业各应用系统之间的数据交换和建筑物全生命周期的数据管理。IFC 标准使不同的建筑软件能协同工作，保证数据的一致性。应用软件开发商只需遵循这套规范对建筑产品数据进行描述，或是为系统提供标准的数据输入输出接口，就可以实现与其他同样遵循 IFC 标准的应用系统之间的数据交换。2002 年，IFC 正式被接收成了国际标准（ISO 标准），它目前已成为国际建筑业事实上的工程数据交换标准。

（五）跨组织性

正是 BIM 的上述技术特征，BIM 能将异构的、没有联结的建设项目各参与方通过一个共享的数字化基础平台联结在一个协作环境中。有学者通过实证研究表明，BIM 应用在明显改变单个组织活动方式的同时，也会对项目其他参与方之间的沟通方式、权责关系以及整个行业的市场结构带来巨大变革，且

BIM 的成功应用往往需要企业内部各部门、项目各个参与方乃至全行业各类从业人员的共同努力。

第四节 BIM 与 CAD 的发展历程

（一）建筑设计信息化技术的发展

CAAD（Computer-Aided Architectural Design，计算机辅助建筑设计）在建筑设计业中的应用自 20 世纪 60 年代至今经历了几个发展阶段（图 1-4）。但是传统的 CAD 技术并不能实现真正意义上的“计算机辅助设计”，其实现的只是“计算机辅助制图”。计算机辅助制图是一种纯图形设计，设计数据彼此无法建立关联，并最终使建筑信息出现割裂和缺损。因此，对建设工程生命周期各个阶段信息集成的需求越来越迫切。20 世纪 90 年代出现的面向对象技术给建筑设计软件的开发开辟了开阔的空间。在建立建筑对象的基础上，软件普遍采用智能化建筑构件技术，实现二维图形和三维图形的关联显示，以及构件之间的智能化联动，并逐渐出现了 BIM。

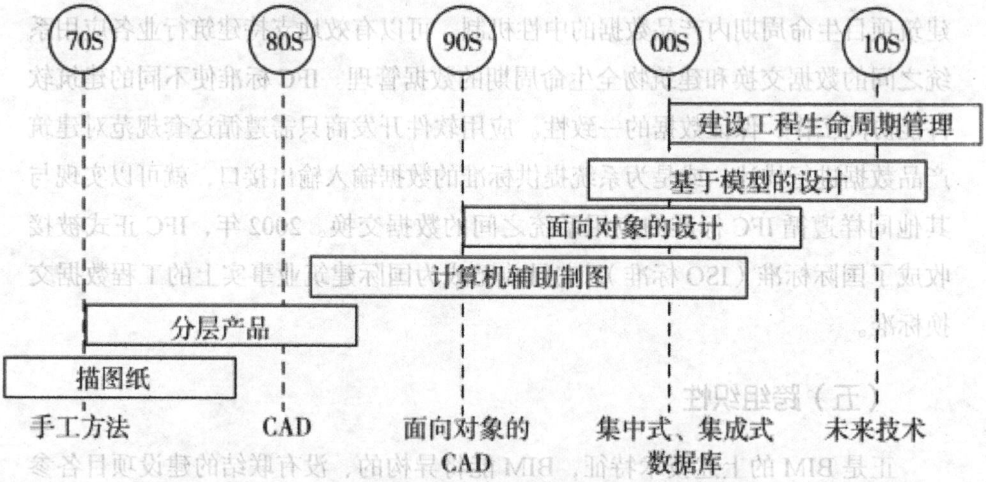

图 1-4 建筑设计信息化技术的发展历史和发展趋势

1975 年，“BIM 之父”的 Chuck Eastman 教授提出未来将会出现可以对建筑物进行智能模拟的计算机系统（Building Description System），他认为这样的系统可以作为整个建筑生产过程唯一的信息源，保证所有的图纸保持一致关联，拥有可视化、定量分析功能及自动进行法规检查的功能，并可以为造价计算和物料统计提供更加便捷的途径。这些思想已经具备了 BIM 的基本特征，为今后 BIM 的研究奠定了理论基础。

（二）CAD 与 BIM 的比较

事实上，工程制图的发展有其历史因素和演化背景。最早期以手绘的方式来绘制工程图纸，所需投注的人力和时间成本极高，精确度和质量有很大的改善空间。此后，由于计算机辅助设计（Computer Aided Design，CAD）技术兴起，利用计算机以数位化的方式进行工程制图，生产力因此大幅提升，使工程图纸的修正和重绘也变得更容易，甚至能在三维虚拟空间中仿真物体的量体外观。然而 CAD 图的组成要素仍以点、线、面等几何性质来描述，并不具有对象识别的概念，且 CAD 图纸之间和其组成元素之间的相关性无法交互参照，变更设计时仍需将所有关联的工程图纸进行重绘，经常发生图纸不一致的情形，更重要的是建筑产业涉及许多不同的专业领域（如建筑、结构、机电等），以 2D 为主要沟通模式的 CAD 工程图中时常会发生对象冲突或碰撞的情形。鉴于此，人们逐渐发展新技术、应用新方法来解决所面临的问题，BIM 相关技术的发展便是此演化过程的结果，然而从对象的角度来描述建筑或设施的构件则可算是一项重大的变革，使得构件和其相关信息可在三维虚拟空间中模拟出更加真实的作为和应用情境，所有工程图纸的产出皆源自 BIM 模型中的对象，来源于参数化设计（Parametric Design）的机制，得以连动地修改 BIM 模型组件的属性参数来达到变更设计的目的，而不再是于传统 CAD 图纸中离散地修改几何组成元素，且设计上的冲突可在三维虚拟空间中有效检查，信息一致性提高则错误便减少，效率和生产力也皆能有所提升。

第五节 BIM对建筑业的影响及所面临的挑战

一、BIM对建筑业的影响

（一）BIM为建筑业带来的变革作用

由于现有的信息共享和沟通模式使得建筑业割裂的问题更加严峻。Eastman（2008）在*BIM Handbook*一书中指出，基于纸质文档沟通的建设项目交付过程中，纸质文档的错漏导致了现场不可预料的成本、延期甚至是项目各参与方之间的诉讼。正是BIM技术的参数化、可视化的特征改变了建筑业工作对象的描述方式，改变了信息沟通方式，势必从根本上引起建筑业生产方式的变化。BIM用于建设项目全生命周期，基于信息模型进行虚拟设计与施工，将促进项目各参与方之间的沟通与交流。一方面，作为一项创新技术，BIM为建设项目各参与方提供了一个协同工作和信息共享的平台。另一方面，作为一种集成化管理模式，BIM情境下需要对建设项目各参与方的工作流程、工作方式、信息基础设施、组织角色、契约行为及协同行为进行诸多的变革。

BIM对建筑业的推动作用，主要体现在将依赖于纸质的工作流程（3D CAD、过程模拟、关联数据库、作业清单和2D CAD图纸）的任务自动地推送到一种集成的和可交互协同的工作流任务模式，这是一个可度量、充分利用网络沟通能力协同合作的过程。BIM可用来缓解建筑业的割裂，提高建筑业的效率和效益，同时也能减少软件间不兼容所产生的高成本。BIM对建筑产品、组织、过程等信息的表达及集成方式带来系统性变革，全面应用于建设项目全生命周期的各个方面。例如，集成化设计与施工，项目管理及设施管理，可有效解决项目生产过程及组织的信息割裂问题，进而大幅提高项目生产效率。不少学者将BIM视为解决建筑业日趋凸显问题的革命性技术，更有学者认为BIM有潜力作为创新和改进跨组织间流程的催化剂。因此，BIM已被广泛视为建筑业变革的重要方向。

（二）BIM 对建设项目组织的影响

随着 BIM 在全球的广泛扩散和应用，BIM 应用对建筑业产生了一系列的影响，如基于 BIM 的跨组织跨专业集成设计、基于 BIM 的跨组织信息沟通、基于 BIM 的跨组织项目管理、基于 BIM 的生产组织及生产方式、基于 BIM 的项目交付、基于 BIM 的全生命周期管理等。相比 2D CAD 技术，这一系列的影响均具有跨组织的特性。BIM 的成功应用需要打破项目各参与方（业主、设计方、总承包方、供货方及构配件制造方等）原有的组织边界，有效集成各参与方的工作信息，设计方、总承包方、供货方、构配件制造方及相关建筑业企业间相互依存形成的项目网络可以通过合作共同创建虚拟的项目信息模型。伦敦西斯罗机场 T5 航站楼 BIM 应用的研究认为，BIM 在明显改变单个组织活动方式的同时，也会对项目其他参与方之间的沟通方式、权责关系以及整个行业的市场结构带来巨大变革。

因此，BIM 具有典型的跨组织特征，影响着项目各参与方间相互依存的工作活动与流程。

（三）BIM 对建设项目绩效认知方式的影响

BIM 的应用将明显改变建设项目绩效评价的方式。基于 BIM 的建设项目绩效指标体系已不再局限于传统的“铁三角”项目绩效，即投资、进度与质量。BIM 的应用，鼓励在设计阶段集成施工阶段的信息，需要并将促进各参与方之间的良好合作。同时，各参与方所面临的显著变化是，从设计阶段各专业紧密使用一个共享的建筑信息模型，在施工阶段各参与方使用一整套关联一致的建筑信息模型，作为项目工作流程和各方协同的基础。这不仅对建设项目的投资和进度有着严格的要求，还需要协同设计方与总承包方以实现建设项目的精益交付。成功的 BIM 应用追求的是“1+1 ＞ 2”的效果，不仅仅是谋求建设项目某一参与方的自身绩效，更关注于从项目整体的角度来测量项目绩效。

从狭义上看，学术界和产业界将项目绩效定义为“铁三角”或“金三角”，也即满足预先制定的成本、时间和质量目标。而这类项目绩效认知方式或许不利于建设项目组织，因为这个结果将导致项目绩效在短期或对某一参与方是优的，但从长期和战略视角来看往往会损害项目其他参与方的利益，更难以实现

BIM 为项目及各参与方所带来的溢出效应。随着市场环境中许多因素的改变，如项目越来越复杂、参与方越来越多以及国际化竞争等，建设项目绩效的整体性观念得到重视。国内外不少学者也将注意力转移到对建设项目进行更全面的测量和评价上。例如，国外的研究者提出项目绩效评价指标除了“铁三角”以外，还包括其他指标，如感知绩效、业主满意度、施工单位满意度、项目管理团队满意度、技术绩效、技术创新、项目执行效率、管理与组织期望、功能性、可施工性和业务绩效等。

成功的 BIM 应用，需要将建设项目中业主方、设计方、总承包方等各关键参与方集成一个有机的整体，而这与现有的建设项目管理模式存在较大差别，这使得应用 BIM 的建设项目的项目绩效评价与传统的评价方式也存在着区别。我国现有的工程项目绩效评价不能反映出其他影响项目绩效的关键因素（诸如 BIM 这类跨组织技术创新）的贡献情况；并且侧重于事后分析，而不能科学、客观地评价整个建设项目团队业务流程的运营状况，做到过程控制。因此，BIM 情境下对建设项目绩效认知方式提出新的要求，也即以建设项目各参与方追求项目整体绩效的提升为导向，从系统的角度评价建设项目整体绩效。

（四）BIM 对建设项目全寿命周期管理的影响

BIM 的本质是建筑信息的管理与共享，必须建立在建设项目全寿命周期过程的基础上。BIM 模型随着建筑生命周期的不断发展而逐步演进，模型中包含了从初步方案到详细设计、从施工图编制到建设和运营维护等各个阶段的详细信息，可以说 BIM 模型是实际建筑物在虚拟网络中的数字化记录。BIM 技术通过建模的过程来支持管理者的信息管理，即通过建模的过程，把管理者所要的产品信息加以累计。因此，BIM 不仅仅是设计的过程，更加强调的是管理的过程。BIM 技术用于项目管理上应当注重的是一个过程，要包含一个实施计划，它从建模开始。但重点不是建了多少 BIM 模型，也不是做了多少分析（结构分析、外围分析、地下分析），而是在这一过程中发现并分类了所关注的问题。其中，设计、施工运营的递进即为不断优化过程，与 BIM 虽非必然联系，但基于 BIM 技术可提供更高效合理的优化过程，主要表现在数据信息、复杂程度和时间控制方面。针对项目复杂程度超乎设计者能力而难掌握所有信息，BIM 基于建成物存在，承载准确的几何、物理、规则信息等，实时反映建筑动态，为设计者提供整体优化的技术保障。BIM 在建设项目全生命周期的主要应用体现如图 1-5 所示。

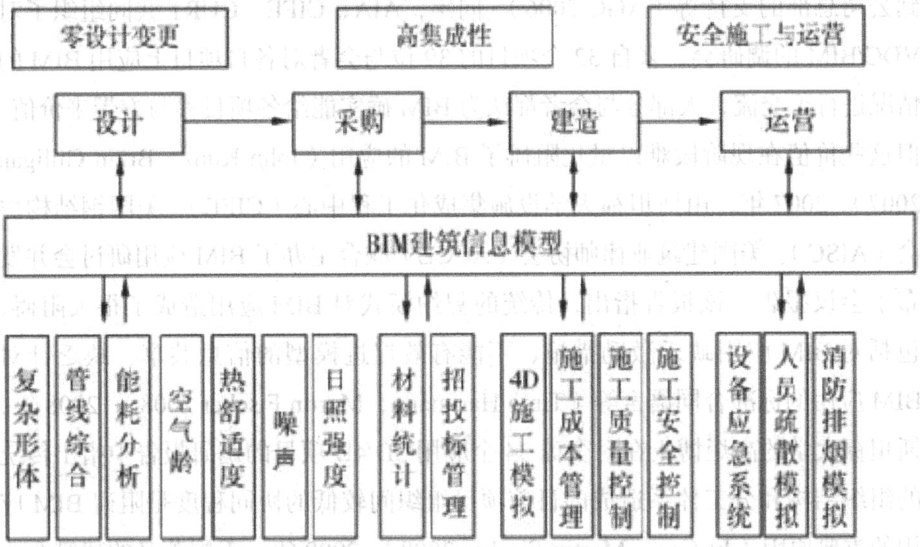

图 1–5　BIM 技术在全寿命周期中的应用

随着 BIM 应用范围的不断扩大，BIM 应用过程中存在的问题也日益凸显，除技术与经济问题外，组织管理问题正日益上升为限制 BIM 应用的关键因素。传统的建设生产模式的信息交换基础是二维的图形文件，其业务流程、信息使用和交换方式都是建立在图形文件的基础之上。而基于 BIM 的生产模式是以模型为主要的信息交流媒介，因此，如果在传统的工程建设系统中应用 BIM 会产生诸多“不适”。2002 年，全球最大的建筑软件开发商 Autodesk 公司发布的《Autodesk BIM 白皮书》指出，未来制约 BIM 应用的主要障碍之一就是现有的业务流程无法满足 BIM 的应用需要，要克服这种障碍，就必须对现有的业务流程进行重组（Phillip G.Bernstein 2002）。2005 年，Ian Howel 和 Bob Batcheler 对 2001—2004 年之间应用 BIM 的多个项目进行了调研。研究发现，除技术问题外，阻碍 BIM 应用的组织与管理问题更为突出，这些问题包括了项目组织在传统的工作模式下中形成的责任和义务关系阻碍了参与方利用 BIM 进行协同工作、传统的项目交付体系下的合同关系不利于 BIM 信息的交换、各项目参与方缺乏应用 BIM 的动力等。2006 年，美国总承包商协会在对美国承包商应用 BIM 的情况进行总结后颁布了《承包商应用 BIM 指导书》。报告指出，阻碍承包商应用 BIM 的障碍主要有，对应用 BIM 效果不确定性的恐惧、启动资金成本、软件的复杂性需要花费很多时间才能掌握及得不到公司总部的支持等（AGC 2006）。同年，AIA、CIFE、CURT 共同组织了对 VDC/BIM 的调研会，来自 32 个项目的 39 位与会者对各自项目上应用 BIM 的情况进行了交流，大部分与会者都认为 BIM 确实能给各项目参与方带来价值，但这些价值在现阶段难以量化阻碍了 BIM 的应用（John Kunz，Brian Gilligan 2007）。2007 年，由斯坦福大学设施集成化工程中心（CIFE）、美国钢结构协会（AISC）、美国建筑业律师协会（ACCL）联合主办了 BIM 应用研讨会并发布了会议报告。该报告指出，传统的契约模式对 BIM 应用造成了很大阻碍，包括对 BIM 应用缺乏激励措施、不能有效促进模型的信息共享、缺乏针对 BIM 应用的标准合同语言等（Timo Hartmann，Martin Fischer 2008）。2008 年，斯坦福大学的高炬博士在对全球 34 个应用 3D/4D 项目的调研报告中指出传统的组织结构和分工体系造成的目前项目组织间较低的协同程度是阻碍 BIM 应用的重要原因（Ju Gao，Martin Fischer 2008）。2008 年，美国著名的建筑企业集团——全球 500 强公司 Mcgraw Hill 公司，发布的 BIM 调查报告指出，除技术问题和经济问题外，僵化的生产流程、对使用 BIM 的项目缺乏必要的激励措施已成为 BIM 应用过程中的主要障碍（Nobert W.Yang Jr.et al 2008）。

二、BIM应用的挑战

（一）BIM 的潜力未充分发挥

相关组织及研究者针对美国建筑创新进行调查研究，采用估计数据观察法分析了过去 40 年间建设设计 CAD 软件技术的发展过程。调研结果显示（图 1-6），在近 10 年间，CAD 软件的发展势头明显下降，BIM 系列软件的发展迅猛，BIM 的发展使项目组织间的关系发生了很大的变化。

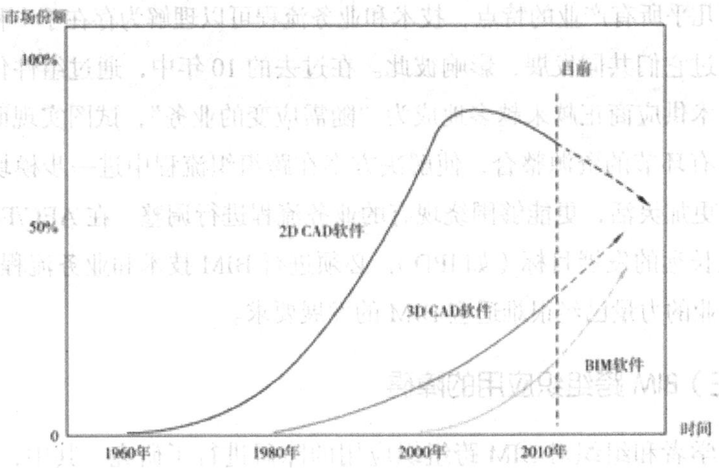

图 1–6 建筑设计软件 CAD 与 BIM 的发展过程与趋势

国内外的研究一致认为 BIM 能为建设项目带来增值作用，如效率和效能的提高、工期和投资的减少以及质量的提高。建筑业涵盖多个专业领域，建设项目作为其载体需要多专业、多工种的合作才能顺利实施。而建设项目又被视为由临时组织构成的松散耦合系统，项目各参与方之间的工作任务高度相互依存。目前研究表明，尽管 BIM 被广泛地采用，但设计人员仍然错失了 BIM 带来的诸多好处。研究者发现设计师主要是使用新技术对传统工作进行自动化，而不是改变他们的沟通方式和工作方式。这也从一个角度印证了 BIM 在建筑业应用并没有完全发挥其潜力的部分原因在于缺乏一个共同的愿景和“自动化群岛”。同济大学研究团队 2011 年对中国 BIM 应用的调研结果显示，国内 BIM 应用的成熟度仍较低，存在组织相对分散、缺乏系统管理等问题。究其原因是建筑业传统业务模式并未随着 BIM 的引入而发生根本性的改变，其中组织层面的障碍是亟待研究的领域之一。跨组织关系作为组织研究领域的重要分支，在具有社会—技术二元属性的建筑业中越来越受到关注。

（二）忽视 BIM 技术与组织的相互关系

当前由于 BIM 应用面临的诸多困境，建筑行业及学术界开始研究和思考 BIM 技术应用与协同管理所共同面临的问题，传统建设项目及流程的不兼容已成为导致上述应用问题的关键，造成这种不兼容的根源在于混淆了技术与组织之间的关系。

纵观几乎所有产业的特点，技术和业务流程可以理解为存在于一种共生的关系，通过它们共同发展，影响彼此。在过去的10年中，通过组件化和面向服务的技术供应商正越来越多地成为“随需应变的业务”，试图实现面向整个供应链所有环节的资源整合，使解决方案在跨组织流程中进一步模块化，适应性变得更加灵活，更能够围绕现有的业务流程进行调整。在AEC/FM行业，要想实现长远的发展目标（如IPD），必须进行BIM技术和业务流程的转变，靠单一企业的力量已经很难适应BIM的发展要求。

（三）BIM跨组织应用的障碍

众多学者和组织对BIM跨组织应用的障碍进行了研究。其中，Hartman和Fischer（2008）指出传统项目交易模式下BIM应用的主要阻碍包括项目参与方对技术变化的抵触、业内对BIM应用缺乏激励措施、项目各参与方不愿意进行模型共享、合同关系不能有效促进模型信息共享、模型的精度不确定、模型的责权关系不明确、法律原因、信息丢失的保险问题、缺乏针对BIM应用的标准合同语言、软件和信息的互操作性差等。McGraw-Hill Construction（2008）指出，除技术问题和经济问题外，僵化的生产流程及对使用BIM的项目缺乏必要的激励措施已成为BIM应用过程中的主要障碍。Wong（2010）分析了欧美六个国家和地区BIM应用的情况后认为，项目参与方众多而项目合作环境恶劣是导致BIM跨组织应用的主要障碍，项目各参与方的角色和责任并不明晰。为了发挥BIM的全部潜力，有学者认为BIM的跨组织应用带来的问题是最大的障碍，必须得到解决。但迄今为止，上述问题仍未解决，其根源在于没有正确理解BIM情境下建设项目各参与方如何进行协同合作。建设项目各参与方间敌对的关系是建筑业典型特征，缺乏合作一直被视为造成建筑业创新水平低的主要原因。虽然创新曾一度被认为是属于某一个企业的工作范畴，但研究技术发展的学者越来越重视跨组织边界、跨组织关系和网络间的合作，甚至有学者认为组织创新是技术创新的先决条件。无论针对组织内部、组织间还是行业层面，组织创新本身就是一个挑战，因为惯性力量对变革的抵触，对传统的建筑业而言尤为严重。这也就意味着建筑业进行BIM这类跨组织创新并发展跨组织合作关系必然会遇到困难与挑战。

新兴工具BIM给建筑业带来了新的热潮，在国内的应用中很大程度上仍停留于创建建筑模型的层面。有部分学者已经意识到这个问题，图 1-8 即对 BIM 在国内推行的普遍困难做了归纳（以施工单位为例）。

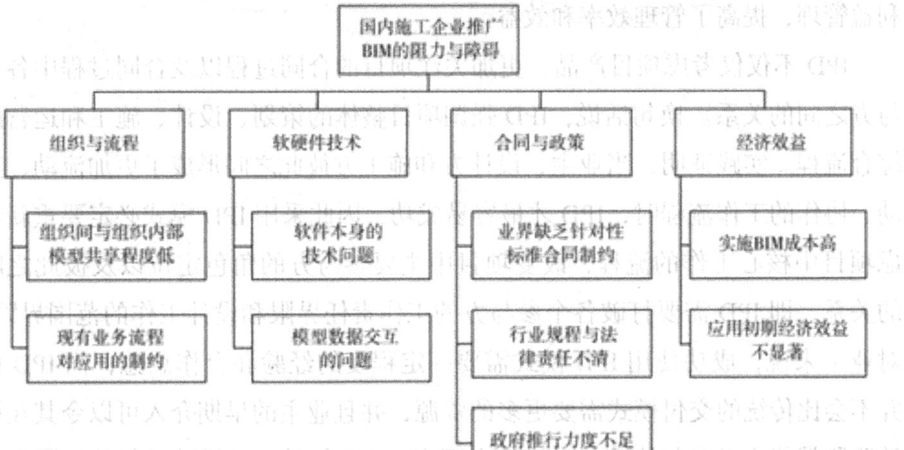

图 1-8 国内施工企业推广 BIM 的阻力与障碍

第六节 基于 BIM 的 IPD 模式

一、IPD的含义与特征

（一）IPD 的内涵

IPD（Integrated Project Delivery，集成项目交付）是一种集成形式的项目交付模式，与传统的 DB、DBB、CM 等交付模式不同的是，在 IPD 模式中至少要由业主方、设计方和施工方三个主要参与方共同签署一份协同合作的契约协议。该协议规定各参与方的利益和风险是基于共同的项目目标而统一的，并且各方都要遵从契约中关于成本和收益的分配方式。以这种关系型合同为特征的 IPD 模式是一种能够集成项目所有资源、考虑合同全过程的项目交付方法，其体现项目各参与方朝着同一个项目目标努力、争取利益和价值最大化的合作理念，而不是一种正式的合同结构形式或者一种标准的管理范式。IPD 倡导项目主要参与单位在项目早期就成立团队（至少有业主、设计方和施工方三方参与），该团队在项目的初期就进行各方的协同工作，如协同设计、挑选合作伙伴等，这种合作大大减少了传统模式中出现的浪费；各方共同签订的多方协议围绕项目整体目标，促使项目各参与方协同进行资源管理、成本管理和风险与利益管理，提高了管理效率和效益。

IPD不仅仅考虑项目产品，更加关注项目的合同过程以及合同过程中各参与方之间的关系。换句话说，IPD强调项目整体的策划、设计、施工和运营的综合流程。实践证明，当业主、设计方和施工方彼此之间形成了更加流动、互动、协作的工作流程时，IPD才最容易成功，因此采用IPD模式必定要重新考虑项目中核心工作的流程，改变项目中主要参与方的角色定位以及彼此之间的关系，即IPD需要打破各个参与方的工作责任界限和设计工作的范围界限。对业主来说，成功使用IPD模式需要一定程度的经验和合作意愿，而IPD也并不会比传统的交付模式需要更多的资源，并且业主的早期介入可以令其在设计阶段就能亲身参与体验。对设计方而言，IPD打破了其设计工作的界限和顺序，他们可以从一些烦琐的传统事务中（如施工资料的发布、合同审批、招投标、与施工方沟通等）节约出更多的时间来进行设计的推敲，以保证施工方能够提前预计成本。对施工方而言，早期的介入设计和彼此之间透明公开的协作方式能够减少其预算过程中的不确定性，保证其预算的准确度。

通常项目（企业）选择IPD模式有以下五种动机：

第一，赢得市场（竞争力）。企业使用IPD的经验和对交付方式（产品）的改善能够为企业在行业竞争中领先提供优势。而对多项目的业主来说，通过一个IPD项目节约的费用可以平衡到其他项目中使用。对于医疗保健行业，IPD有可能成为一种理想的标准交付方式。

第二，成本的可预测性。每个项目都不想其最后的成本超过合同的预算，因此，IPD模式下成本的可准确预测性是一些企业或者项目选择IPD模式的一个主要驱动力。

第三，工期的可预见性。类比于项目的成本，每个项目都不想超期，但是工期因素仅仅是一些企业或者项目的主要考虑因素。

第四，风险管理。项目的风险通常被认为是项目工期和成本风险，但其可能会包括与项目类型、项目位置等其他因素相关的交易风险。如果风险管理是企业或者项目的主要考虑因素，那么IPD模式下各参与方之间更多的交流会成为一种特殊的优势。

第五，技术的复杂程度。技术有一定复杂性的项目，需要专业的综合集成和一定程度的协同性，这些要求在 IPD 的环境下可以被满足。

（二）IPD 模式的特点

1. 管理层面的特点

第一，各主要参与方都是项目的领导者。IPD 项目的牵头人（Champion）大部分是业主，但是也有可能是其他参与方的各种组合。而 IPD 项目中每一方都是项目的领导者，只要该方对项目的实施有任何意见和建议都可以站出来“领导”，这也是 IPD 项目各参与方地位平等的体现。

第二，集成式的项目团队结构。大多数的 IPD 项目在项目团队结构上都采用集成式。组织存在多种形式，如最早的 IPD 项目 Sutter Health Fairfield Medical Office Building 项目是将团队结构划分为三个层次：集成项目团队（IPT，Integrated Project Team）、更高层次的核心团队（higher level Core Team）、执行层次委员会（Executive Level committee），均由三方代表组成，只是代表层级不同，解决项目中不同层次的问题。而 SpawGlass Austin Regional Office 项目则是采用协同项目交付团队的形式（CPD，Collaborative Project Delivery）。

第三，运用精益建造等的管理工具。在 IPD 项目实施过程中，处处都能看见精益管理工具的使用，如最后计划者体系（LPS，Last Planner System）、拉动式的管理（Pull）等。IPD 模式和精益管理都强调创造价值和减少浪费，IPD 模式为精益管理思想在施工项目中的使用提供了平台空间，而精益管理工具又为 IPD 项目的成功提供了保障，因此二者是相辅相成的关系。精益工具的使用能够帮助 IPD 项目团队的协作和决策。

2. 交流层面的特点

第一，各参与方提早介入项目。各参与方提早介入项目是 IPD 的最突出特点之一，在 IPD 项目中，主要参与方甚至一些主要的水电暖的分包商在方案设计阶段就参与到项目中，这要比传统的 DBB 项目早许多。例如，项目在进行设计标准的制定时就有分包商的参与，这使得项目容易达成项目目标的统一，培养各方的领导意识以及帮助各方在项目初期就形成互相信任的伙伴关系。

第二，由主要参与方共同参与决策，对项目进行控制，共同改进和实现项目目标。IPD 模式要求各主要参与方（有时也会包括分包方）共同进行项目目标和标准的制定，以保证各方平衡决策，提高项目的效率和效益，增强各方之间的信任感。

3. 工作环境和技术层面的特点

第一，协同工具与协同办公（Co-location）。IPD 项目经常会采用 BIM 和 VDC 这种三维建模工具和虚拟建设的技术，其使用能够为各方的协同合作和早期介入项目提供空间与平台，而这些工具的使用也需要 IPD 各方的共同参与。大多数 IPD 项目也会要求各主要参与方在同一间办公室办公（Big Room），这能够有利于问题的及时解决，提高决策效率。

第二，信息交流共享的网络平台。大多数 IPD 项目为了实现信息的共享与交流都建立了自己的网络信息平台，并取得了良好的效果。例如，国外某 IPD 项目施工方建立了一个项目信息共享和流程审批的网站平台，使得设计审批的无纸化率达到了 50%，而这种方式也使设计方和分包商可以进行直接的交流，会议次数也会增加，从而达到交流的效果。

另外，几乎所有的 IPD 项目案例中都提到，主要参与方形成联合体后在进行合作伙伴的选择时比较倾向于先前合作过的伙伴，这样彼此之间比较熟悉，有过成功的合作经验，更能促进彼此相互信任和坦诚。

二、BIM与IPD的关系

实现项目利益最大化是 BIM 实施和 IPD 模式下共同的目标，也是为满足业主对建设项目形式和功能的要求，尽可能将所付出的投资符合预期价值，能在最短时间内完成，能有更好质量和性能的产品。为实现这一系统性目标，需要在进行建设项目前期，通过合适的方法让项目各参与方充分理解设计意图，在业主及相关方对产品的设计成果充分认可之后，再进行后续的实施环节。BIM 技术可在项目实施前将项目设计成果进行多维可视化仿真模拟，并通过与建筑性能分析工具的集成，对设计方案在建筑能耗、建筑环境（光环境和声环境）和后期运营管理进行虚拟仿真分析，进而对设计方案进行优化。IPD 团队在设计阶段就集成了设计、施工以及运营团队，事先将后续环节的需求体现在设计成果中。

BIM 是 IPD 模式最有效的支撑技术与工具，BIM 可以将设计、施工以及生产加工等信息集成在一个数据中，为项目各阶段、各参与方提供一个可视化协同平台。另外，在项目运营阶段，该数据库可继续为项目的运营管理方提供服务，对建筑性能进行监测、对设施设备的运行维护以及资产进行管理。

三、IPD实施合同条件

工程项目建设是以合同为基础的商品交换行为，合同是项目各参与方履行权利和义务的凭证。传统建设模式下的合同从本质上体现的是项目利益相关者之间的对立关系，这导致项目利益相关者之间的目标不一致。而 IPD 模式下的合同条件，则是以委托代理理论与合作博弈理论为工具，对传统的合同模式进行重新设计，旨在使各方能在 IPD 模式特点和需求的合同框架下以项目利益为重，加强合作，共享利益和共担风险。

（一）IPD 合同类型

IPD 项目中，项目团队应在项目早期尽快组建，项目团队一般包括两类成员：主要参与方与关键支持方。在这样的团队组成模式下，IPD 合同类型主要有四种：集成协议 IFOA（Integrated Form of Agreement，精益工程交付综合协议）、Consensus DOCS300、AIAC195（Single-Purpose Entity，SPE）、AIAC191（Single Multi-Party Agreement，SMPA）。这四类合同针对 IPD 项目中的决策制定、目标成本、利润获得方式、变更管理以及风险分担等方面都有相关的合同条款，虽然不同的合同形式下这些条款存在不同，但是它们共同的目标和宗旨都在于加强团队协作、降低目标成本以及实现风险的分担和利益的共享。

（二）IPD 合同特征

第一，主要参与方共同签署一份多方协作的关系合同。在所有的 IPD 项目案例中，主要参与方都签署了 IPD 多方（一般是由业主、设计方和施工方组成的三方）合同，这样的联合方式有利于各参与方以利益共同体的形式一起参与到项目中，同时也有利于各参与方提早介入项目。例如，Sutter Health Fairfield Medical Office Building 项目被认为是美国最早的 IPD 项目，其采用的是由业主、设计方和施工方三方共同签署的 IFOA 协议（Integrated Form of Agreement，集成协议）。

第二，主要参与方之间共担风险、共享收益，并遵从契约中关于成本和收益的分配方式和激励机制。在IPD模式下一般有以下几种激励方法：根据成员对项目创造的价值或节约的成本分发红利；设置激励池（或风险池），即从项目团队的费用中拨出一部分放入激励池（或风险池）中，池中的资金会根据团队成员提前商定的一些准则增加或减少，最后再将池中的剩余资金分给各团队成员，这种方法是在IPD项目中比较常见的激励方式;绩效红利的激励方式，即根据完工质量发放的红利。

第三，主要参与方之间放弃对彼此的诉讼权，解决纠纷的方式通常为调解和仲裁。IPD交付模式虽然要求各方都放弃对彼此的诉讼权，但是在协议中并不存在不起诉条款，主要参与方之间责任的豁免不包括由于欺诈、故意错失及重大错失等引起的事故责任。IPD纠纷解决的方式通常是根据协议条款进行调解，必要时也需要仲裁。而对于商业保险，有些项目选择集成式的项目保险，有些项目依然采用传统的保险方式。

第四，主要参与方彼此之间财务透明。所有的IPD项目都保持设计方和施工方的财务透明，要求“公开账本”（Open Book），以保证所有的工作成本都在人工和材料的预算之内。例如，某IPD项目中利润以项目的固定费用为基础，其中25%是来自风险池，这样的成本和收益结构使得各方之间必须透明，不存在隐藏的不确定内容和津贴，以保证各方工作成本都在预算的基础上进行。

第二章　BIM 技术的发展趋势

第一节　BIM 技术与建筑业生产力

建筑业也正在从高速增长转到中速增长，经济增速放缓倒逼建筑业转型。低要素成本驱动的发展方式已难以为继，技术创新将是建筑业发展的动力，建筑业已逐步开始从要素驱动、投资驱动向创新驱动转变。随着信息技术的发展，数字化建造技术正以前所未有之势给建筑行业带来巨大的转变。从 ERP 信息到基于 BIM 的工程管理，从数字化的工地管理到实现 VR 的应用，新技术的应用已经成为我国建筑业发展的强大推动力。

BIM 技术的快速发展已经超越了很多人的预期，随着住建部及北京、上海等地区推进 BIM 应用相关文件的出台，多个城市通过政策和标准的引导，激活了市场，推动了 BIM 技术的发展，提升了 BIM 技术的应用能力。10 年前，BIM 仅仅是一个概念；5 年前，BIM 只是在一些重点项目上推广应用；而今天，BIM 已经在全国范围内被大面积地推广，很多城市已经出台了相关政策。BIM 技术的应用将成为推动我国建筑业发展的强大力量。

BIM 技术作为建筑业信息化的重要组成部分，具有三维可视化、数据结构化、工作协同化等特点和优势，为行业发展带来了强大的推动力，有利于推动绿色建设，优化绿色施工方案，优化项目管理，提高工程质量，降低成本和安全风险，提升工程项目的管理效益。

BIM 给这个行业带来了革命性的甚至是颠覆性的改变。

一方面，BIM 技术的普及将彻底改变整个行业由信息不对称所带来的各种根深蒂固的弊病，用更高程度的数字化整合优化全产业链，实现工厂化生产、精细化管理的现代产业模式。

另一方面，BIM 在整个施工过程中的全面应用或施工过程的全面信息化，有助于形成真正高素质的劳动力队伍。BIM 是提高劳动力素质的方法之一，而这种劳动力的改造对中国的城镇化而言将是一个有力的支撑。

2015 年年底，党中央、国务院召开了城市工作会议。在这次会议上，明确提出了在未来建筑业的发展中，要大力推广装配式建筑。2016 年 9 月，国务院召开了常务理事会，正式审议通过了《关于大力发展装配式建筑的指导意见》(以下简称《指导意见》)，这充分显示了国家层面对这项事业的高度关注和重视。《指导意见》中，发展装配式建筑的重要任务和考核指标都非常明确、非常具体。作为装配式建筑的生产模式，建筑工业化是新型工业化道路的发展趋势，是我们转型的需要，更是一次历史的选择。

近年来，随着建筑业体制改革的不断深化和建筑规模的不断发展，我们的国策基础在不断增强，但总体来看，劳动生产力提高幅度不大，质量问题一直是建筑业的一个挑战，整体的技术进步还不能满足要求。为确保各类建筑最终产品，特别是装配式建筑的质量和功能，要优化产业结构，加快建设速度，大幅度提升劳动生产力，使建筑业更快走上质量效益型道路，成为国民经济的支柱性产业。BIM 技术的应用和发展是建筑工业化的一条重要举措。

我国装配式建筑发展的形势非常好，一大批建筑企业开始从转型升级中寻求建筑工业化的发展，并取得了阶段性成果。中国建筑学会专门成立了工业化建筑学术委员会，旨在本行业内构建一个绿色生态体系下的建筑科研设计、施工安装、生产经营、后期维护以及创新技术互动、交流应用等分享的平台，实现资源、成果、技术和信息的共享。以往的经验发展过程中的教训都应该成为我们的借鉴。更长远来看，中国将在未来 20 年继续推进城镇化进程，数亿农民将拥入城市，BIM 和建筑工业化的实施将使这些农民工更快地转变为现代产业工人，并帮助其融入城市的文化。

此外，应用BIM 和建筑工业化将使我们的建筑更加低碳、绿色、环保，这将有助于改善我国的空气质量。

第二节 装配式建筑及政策支持

一、概述

（一）BIM 技术在装配式建筑中的应用

20 世纪 50 年代至 60 年代中期，我国从苏联等国家引进了工业化建造方式。1956 年，国务院发布了《关于加强和发展建筑工业的决定》，首次提出了“设计标准化、构件生产工厂化、施工机械化”，明确了建筑工业化的发展方向。20 世纪 60 年代中期，除了大量的工业厂房外，全国建设了约 90 万㎡的装配式混凝土大板住宅建筑，其中北京建设了约 50 万㎡。20 世纪 70 年代末至 80 年代末，我国进入住宅建设的高峰期，装配式混凝土建筑迎来了第二个发展高潮。这个阶段的装配式混凝土建筑，以全装配大板居住建筑为代表，全国总建造面积达 700 万㎡，其中北京建设了约 386 万㎡，建成最高的是北京八里庄的 18 层大板住宅试点项目。1999 年以后，国务院发布了《关于推进住宅产业现代化、提高住宅质量的若干意见》，明确了住宅产业现代化的发展目标、任务、措施等，装配式建筑发展进入新阶段。21 世纪前 10 年，装配式建筑发展相对缓慢。最近几年，随着国家和各地政府推进力度的不断加大，装配式建筑呈现快速发展局面。

装配式结构体系分为三种：装配式木结构体系、装配式混凝土结构体系、装配式钢结构体系。其中，装配整体式混凝土建筑（Precast Concrete Structure，PC 建筑）是采用预制混凝土构件或部件，在施工现场装配而形成整体的建筑结构。以 PC 建筑为代表的住宅工业化是住宅产业化的核心内容，也是住宅产业现代化的重要标志。

BIM 技术为装配式建筑的发展提供了机遇，装配式建筑又为 BIM 技术的落地提供了新的方向和平台。建设单位主导项目全过程的 BIM 应用，使各单位的项目管理水平都得到提升；施工图设计直接应用 BIM 软件，提高了设计效率和质量；设计模型与图形算量对接，探索成本精细化管理的新思路。通过 BIM 技术，可以实现建筑模块化、工业化生产，有利于装配式建筑的核心内容——拆板优化与构件精细设计，积累了装配式建筑“标准化设计、工厂化生产、装配化施工、一体化装修、信息化管理、智能化应用”的经验。不同建筑工程之间差异很大，工程项目各参与方对BIM技术的理解及掌握程度不一样。在推进装配式建筑过程中，如何有效协调项目各参与方，使BIM技术落地实施，真正发挥工程管理的作用，成为一项迫在眉睫的任务。

BIM技术服务于项目设计、建设、运维、拆除的全生命周期，可以数字化虚拟、信息化描述各种系统要素，实现信息化协同设计、可视化装配、工程量信息的交互和节点连接模拟及检验等全新运用。BIM技术的应用使装配式建筑能够通过可视化的设计实现人机友好协同和更为精细化的设计，整合建筑全产业链，实现全过程、全方位的信息化集成。

装配式建筑的典型特征是采用标准化的预制构件或部品部件。为避免预制构件在现场安装不上所造成的返工与资源浪费等问题，保证设计、生产、装配的全流程管理，建立装配式建筑的BIM构件库势在必行。BIM技术将设计方案、制造需求、安装需求集成在BIM模型中，在实际建造前统筹考虑各种要求，把实际制造、安装过程中可能产生的问题提前消灭，就可模拟工厂加工，以“预制构件模型”的方式来进行系统集成和表达。这意味着在设计的初始阶段就需要考虑构件的加工生产、施工安装、维护保养等问题，并在设计过程中与结构、设备、电气、内装等专业紧密沟通，进行全专业、全过程的一体化思考，实现标准化设计、工厂化生产、装配式施工、一体化装修、信息化管理。装配式建筑设计要适应其特点，通过装配式建筑BIM构件库的建立，不断增加BIM虚拟构件的数量、种类和规格，逐步构建标准化预制构件库。

RFID（无线射频识别、电子标签）技术在金融、物流、交通、环保、城市管理等很多行业都已经有了广泛的应用。BIM出现以前，RFID在项目建设过程中的应用主要限于物流和仓储管理，RFID和BIM技术的集成能够使其不再局限于传统的办公和财务自动化应用，而是直指施工管理中的核心问题——实时跟踪和风险控制。将有源RFID芯片与BIM技术相结合，应用于装配式住宅项目中的PC构件流程跟踪记录，将工程信息、BIM数据存储于“服务器”，通过云平台将各端口数据进行协同应用，自动记录每个流程步骤并同步于云平台，在BIM模型中动态展示。

不同于传统的建筑工程施工作业管理，装配式建筑的施工管理过程可以分为五个环节：制作、运输、入场、存储和吊装。能否及时准确地掌握施工过程中各种构件的制造、运输、入场等信息，在很大程度上影响着整个工程的进度管理及施工工序。施工现场有效的构件信息，有利于现场的各构配件及部品体系的堆放，减少二次搬运。但传统的材料管理方式不仅信息容易出错，而且有一定的滞后性，为解决装配式建筑生产与施工过程的脱节问题，可将 RFID 技术应用于装配式建筑施工全过程。

1. 构件制作、运输阶段

以 BIM 模型建立的数据库为数据基础，将 RFID 收集到的信息及时传递到基础数据库中，并通过定义好的位置属性和进度属性与模型相匹配。通过 RFID 反馈的信息，精准预测构件是否能按计划进场，做出实际进度与计划进度的对比分析，如有偏差，适时调整进度计划或施工工序，避免出现窝工或构配件的堆积，以及场地和资金占用等情况。

2. 构件入场、现场管理阶段

构件入场时，通过 RFID 读取构件信息并将其传递到数据库中，与 BIM 模型中的位置属性和进度属性进行匹配，保证信息的准确性；同时通过 BIM 模型中定义的构件的位置属性，可以明确显示各构件所处的区域位置，在存放构件或材料时，做到构配件点对点堆放，避免二次搬运。

3. 构件吊装阶段

RFID 的应用有利于信息的及时传递，从直观的三维视图中呈现实时的进度对比和量算对比。

（二）国家政策

我国每年竣工的城乡建筑总面积约 20 亿㎡，是当今世界最大的建筑市场。与世界发达国家相比，我国建筑工程迫切需要采取工业化的手段来提高建筑质量和效益。因此，提供符合市场要求、建造质量好、节能环保、省工省时的新型预制装配式建筑，已经成为推进建筑产业可持续发展的必然。

2016 年 2 月 6 日，中共中央、国务院印发《关于进一步加强城市规划建设管理工作的若干意见》，要求积极推广应用绿色新型建材、装配式建筑和钢结构建筑，力争用 10 年左右时间，使装配式建筑占新建建筑的比例达到 30%。

到2020年，装配式建筑占新建建筑的比例达到20%以上；到2025年，装配式建筑占新建建筑的比例达到50%以上。推进新型建筑工业化成为社会经济发展的战略需求，是实施节能减排、城镇化建设、供给侧改革、企业转型升级的需要。

二、案例分析

（一）对石榴居的分析

石榴居是先进建筑实验室设计建造完工的一项采用BIM技术的装配式项目，在此次项目中，各个参与方尝试在设计阶段采用协同设计方式，并采用BIM技术进行全过程参与，是一次成功的装配式建造。

以下，本研究将以实验室中基于BIM技术的小型装配式建筑“石榴居”为例，阐述其从设计到施工的全过程，来说明BIM技术与装配式建筑的结合方式及其意义。

1. 项目概述

“石榴居”是目前国内预制化程度最高的胶合竹建筑，项目位于湖北武汉洪山区华中科技大学的校园内，占地面积100 m^2，建筑长度与宽度分别为6 m与10 m，门式钢架最高点6m，是一款新型建筑结构体系的实验。装配式建筑中最常见的类型是保障性住宅和灾后应急建筑，而石榴居是一个使用年限长达50年的别墅建筑。

本项目作为装配式项目，建筑的所有构件都在工厂预制，预制率达到100%，由现场的2名工人及20余名志愿者用25天时间装配而成。

石榴居的结构为轻型的预制体系，主体采用30mm × 600m的门式钢架体系，主要材料为胶合竹材、木材、方钢、镀锌铁皮。

本次项目预期达到的目标：

（1）实现装配式构件标准化、模块化，尽量减少构件种类；

（2）预制构件生产工厂化，现场施工建造机械化，项目组织管理科学化；

（3）缩短项目工期，降低项目成本，高效率绘制施工图；

（4）尝试将竹资源转化成工业化预制建造体系，探索装配式建筑的定制化。

2. 方案设计

（1）地理位置

石榴居位于武汉市洪山区，坐落在珞珈路华中科技大学的校园内，毗邻该校建筑系馆，二者连接成为一个有机的整体。

（2）建筑设计

石榴居的方案设计十分简洁，平面是一个“凹”字形，凹入的空间作为一个具有引导性的入口退让。屋顶为简化后的传统双坡屋顶，山墙面架出一个细柱廊道作为侧入口灰空间。石榴居的内部流动性很强，为了进一步增强空间的层层渗透感，建筑师通过旋转山墙面的几扇阳光板，可以打开整个山墙面界面，这使得使用者从室外进入廊道灰空间后，进而进入建筑内部的过程成为一个连续而不自知的序列。景观处理方面，石榴居所在地范围内所有的树木都被保留，作为景观供石榴居内的使用者观赏，这些树木同时也起到了一定的遮蔽作用。

石榴居的另一大特点便是，它的结构构件兼作结构与家具多种功用，因此建筑师穆威认为：“它是一个居所，但同时也是一个放大的家具。”

（3）新型建筑材料

与传统的钢结构、预制混凝土装配式建筑不同的一点是：石榴居的主要建筑材料为胶合竹。胶合竹材料是20世纪80年代末兴起的一种新型竹质复合材料，由中国林科院王正教授研发成功（该专利于2006年获得国家科技进步一等奖）。除了具有普通竹材速生、环保、节能等特点外，还因其特殊的生产工艺，该材料的力学性能远远超过其他竹材。更重要的是，它可以作为结构材料来使用，是比较理想的“节材代木”“节材代钢”的材料，也是具有中国特色的新型材料。穆威认为：“它的纤维同向性比木材高4~5倍，中空的天然结构注定了它要用来做结构材料，而且它是速成材料，自我更新很快。最好的胶合竹是4年生的，太老反而不好，但4年生的木材只能用来做非承重的东西。当时我们与中国林科院木材工业研究所开展合作，尝试将非工业化的天然竹转化成具备精确建造能力的胶合竹结构材。我们做了很多抗疲劳实验，发现50年的四季模拟才损耗了胶合竹20%的性征。”

胶合竹的物理性能十分优异，材料本身具有很好的热加工性能，可以直接通过构造解决保温隔热防水等问题，其主要的性能指标，如静曲强度、抗压强度、弹性模量等都要远远高于木材的物理性能，并且完全高于日本关于木质房屋的建造标准。

（4）胶合竹结构体系与预制建造模式

竹子是扎根于中国的材料文化，它也和中国传统的预制体系有着不可分割的关系。不仅如此，竹子的生长速度很快，有用于大规模制造的开发潜力。材料美学方面，从一个建筑师的角度来审视，竹子具有纯粹干净的线条感，也是一个天生带有美感的建筑材料。穆威主持的先进建筑实验室发现了竹材料的这一特点，便尝试将竹资源转化成工业化和标准化的预制建造体系。

经过两年的自行思考和探索之后，穆威采用了中国林科院研发的胶合竹这种新型环保材料（该专利获得了2006年国家科技进步一等奖），探索出一种符合中国国情的预制建造体系——胶合竹预制体系。胶合竹的特性使得它可以形成标准化的板材和构件，以不同的方式灵活组合，应用于建筑的结构、围护、隔断和家具等多个部位，且构件易于更换，使得维护成本大大降低。

为了探索胶合竹结构体系，穆威与林科院合作，把制作竹胶板的技术继续精细化、理性化，并将其塑造成一种强度很高的结构板材，尝试将中国海量的竹子资源转化为工业建筑的材料。同时，通过BIM技术和预制优化的运用可以将这种特殊的建筑体系简化成“宜家”式的便携装配模式，建筑设计和建造技术被消解成“客户定制—数控加工”和“集体参与性”的建造模式。

由此看来，胶合竹预制建造体系可以是一个高度的数字化加工模式，它可以被建造为或临时或永久的建筑，其极强的亲和性、轻质以及预制化、装配化的特点正是符合了建筑师对于这套体系之后被用作“农村自建房”或“保障性住房”的全民化构想。

（5）结构设计

石榴居的主体为门式钢架体系，主要起主体支撑作用的是三种规格的门架：主体支撑1位于入口凹入区域；主体支撑2为主要建筑空间墙体的横向划分构件；主体支撑3为山墙界面的基础结构。

主体支撑1共有4根；主体支撑2为了突出灰空间的轻盈感，构件截面薄而细，共3根；主体支撑3作为主要立面区域的框架构件，截面最宽，共有12根。

每一个主体支撑门架都是由4个胶合竹构件和5个“接口”（钢连接板）组成的，三种形式的主体支撑门架共有5种规格，配合有5种规格的钢连接板。主体19个门架并列固定好之后，再由横向构件将门架之间连接起来。

3. 预制构件拆分设计

（1）构件拆分

在预制构件的深化阶段，需要设计方和施工方、制造方进行配合。到施工阶段，不同的施工工艺需要对预制构件进行不同方式安装，为了达到减少脚手架增加机械化程度，在预制构件吊装的过程中，须由机械设备进行操作，所在构件深化设计中需要对预制构件按照施工工艺进行开洞和构件预埋。不仅如此，在构件的深化过程中，对于构件的尺寸以及体积也需要满足制造厂商的生产、运输条件和施工条件。

所以，在此项目中，设计方、制造方、施工方通过网络以文件的方式，在深化预制构件模型的过程中相互协作、共同设计。施工人员进行进一步的施工预留洞布置，同样也是实时进行上传更新。因为施工方和设计方是在同一个模型上进行三维设计操作，所以设计人员能够直观地观察到设计与洞口之间的问题，然后进行设计调整。若遇到需要协商的问题，通过即时通信与施工方、制造方进行讨论，然后共同得出共同的解决方案。

在对预制构件进行拆分时应该遵照一定的拆分原则进行。

1）在组合样式尽可能多的前提下，尽量减少构件的规格种类。

2）构件与构件之间连接口的构造不宜复杂，在对构件与接口进行设计时应考虑整体结构体系的安全系数。

3）预制构件拆分时应满足模数制，便于构件之间的搭接。

4）预制构件的尺寸长度应小于5m，高度应小于3m。

5）预制构件不宜过重，需考虑施工现场吊装的机械承重能力。

此次项目采用的是胶合竹结构，所有外墙、梁柱以及内置家具为全预制，基本预制构件单元为胶合竹板，不同规格的胶合竹板充当不同功能的梁柱或围护结构。

石榴居的构件拆分逻辑整体依照其结构逻辑，门架分解为两个斜梁与两个立柱，作为主要支撑结构组成部分的梁柱构件统一设计为30mm厚的胶合竹板，共有5种规格，作为主要围护结构的构件被分为2种规格，80mm厚，其他用作保温层、里层和分隔作用的胶合竹板共有29种规格，10mm厚。构件之间由6种规格的钢连接板以及一种规格的钢螺栓组成“接口”进行拼接，本项目的构件共有40种规格，建模细致程度精确到每一个螺栓。

在确定好构件拆分之后，在软件中调整构件视图，导出构件的二维 dwg 格式图纸，其中包括顶视图、底视图、正视图、背视图、剖面图等，辅助设计人员进行构件深化设计。最后，将细化后的各视图二维图纸又导入 Revit 进行预制构件的模型创建。每一个预制构件以“族”的模式独立存在，互不影响，这为之后的构件拼接、构件模型数据库建立、施工工艺模拟做好了准备。

在构件模型创建完毕之后，需要对构件进行预拼装，进一步检查其完整性。将构件模型全部导入模型项目文件中，为了提高拼装效率，由多人进行同时拼装。通过将模型上传至服务器，形成中心文件，在 Revit 中设置多个工作集，每个人通过个人的工作集进行构件拼装工作，互不影响。最后，在完成自己范围的构件拼装之后，同步至中心文件即可。

（2）构件模型库

在装配式项目中，预制构件、设备、标准化部品等种类繁多，为了更加高效地进行专业之间的协同设计和管理构建模型，在此次项目中我们建立了模型数据库。由于模型数据库只是针对此项目，而且所有设计人员在同一地点进行办公，所以不需要采取云端的方式构件数据库，而是建立在本地的中心服务器上。这样一来，项目的参与人员便可以通过访问中心服务器和清晰的目录层级，有效地管理各类构件模型，这也是项目有序开展的基础。

由于项目规模较小，且本项目建设周期较短，仅有 20 余天，在方案设计阶段即需要综合各方面因素与要求，做出合理的设计方案，以 BIM 模型的可视化特点对建筑外形样式、结构形式与建筑细节的推敲都起到了十分重要的指导作用。由于本项目规模较小，建立的 BIM 模型精细到螺栓级，可完全真实地反映建筑的每一处细节。

结合族构件的创建可以建立项目所需的构件库。在进行项目后续的建筑、结构、机电设计过程中，设计人员从创建好的构件库中选取所需用的标准构件到项目中，构件库组建完成后，随后将根据工程的实际情况对各模块进行模拟组装，使一个个标准的构件搭接装配成三维可视模型，最终提高装配式建筑设计的效率。

此次项目中，将预制构件库根据之前的构件拆分设计方案，分为墙构件库、梁构件库、柱构件库、隔板构件库 4 类二级目录，之下又分为 8 个三级目录，建立标准化。此次项目建模放弃传统的创建墙、梁、板、柱等构件的建模方式，全部采用自建柱拼装的方式，模型中的每一个族都按照实际预制尺寸建立，每一个族就是一个部件，族文件中包含了每一个部件的材料、尺寸等详细属性。

初步方案完成之后，需要对项目展开进一步的深化，以便达到工业化生产的精度和工业化施工的准确度，精度要求的提高更加需要 BIM 技术的应用与支撑。而在装配式建筑的深化设计阶段主要工作之一就是对预制构件的细化设计。此阶段除了对预制构件的深化，还有对施工方案的设计。

4. 深化设计

（1）碰撞检测

在本实践案例中，由于构件都为预制化构件，各构件间的加工制造过程均在工厂完成，所以模型在 BIM 软件中进行虚拟碰撞检查就非常重要。针对 BIM 模型进行各专业间的冲突检测，发现设计问题，进行多专业协调，严格控制净高，避免因施工图纸不精准造成的空间浪费而影响到整体效果。

本案例中进行碰撞检测的步骤如下：

数据准备：

1）确认后的模型、施工图整合模型；

2）冲突检测原则；

3）净高控制要求。

操作流程：

1）收集数据，并确保数据的准确性；

2）整合模型和施工图模型，形成整合的建筑信息模型；

3）设定冲突检测及管线综合基本原则，按照既定原则，对精装修各构件进行自检以及与主体构件的碰撞检查，对碰撞点进行审核优化，编写碰撞检查报告，提交各专业确认后调整模型。

提交成果：

1）精装修碰撞检查报告；

2）调整完成后的综合模型。

通过碰撞检测，BIM 软件会自动生成碰撞检测报告，该报告可以显示碰撞点的模型、位置及图层等信息，各专业人员根据该碰撞报告可以对自身的模型进行调整，然后实现碰撞问题的消除。

（2）工程统计

在工程量的统计上，分为两部分：一是对装配式项目中所有预制构件在类别和数量上的统计；二是对每个预制构件所需的各类材料的统计。以便给制造厂商提供所需的物料清单，也使项目在设计阶段能够进行初步的概预算，实现对项目的把控。该项目中预制构件类别和数量的统计明细表，只需要初步的模型便可以进行自动化统计，从而导出结果。

项目在创建族时，除了将构件的尺寸输入之外，其材质等参数信息也被添加进去，利用 BIM 软件通过公式控制，可精确计算统计各种材料的消耗量，能自动生成构件下料单、派工单、模具规格参数等生产表单，为材料的采购提供可靠的依据与参考。并能通过可视化的直观表达帮助工人更好地理解设计意图，形成 BIM 生产模拟动画、流程图、说明图等辅助培训的材料，减少计算误差，提高工人的效率。

对于预制构件所需的材料统计，需要利用深化完毕的构件模型，再分别对每个预制构件墙体部分和钢筋部分进行统计，这些统计数据均是根据前期对构件模型属性信息的设置所自动计算产生的，设计人员和制造厂商可以根据这些材料的统计数据快速实现概预算、采购、用量的精准控制。另外，由于明细表中的数据与构件模型是联动的，所以构件模型一旦修改，明细表也会及时更新。

5. 构件的生产运输

（1）构件生产

深化设计构件阶段 BIM 技术的应用关系到预制构件生产、施工阶段的效率和后期对建筑的运营维护。构件设计完成后进入工厂化生产阶段，在进行生产之前需要生产人员与设计人员进行沟通，以便正确理解设计意图。

传统的设计意图交底以二维设计图纸作为基础，设计人员在交底时很难将设计意图完整地呈现给生产技术人员，导致构件的生产出现错误。在实际生产过程中，有时会根据生产需要对某些构件进行细节设计和更改，这些信息不能实时反映给设计人员，不仅延误生产工期，还会给参与人员的沟通带来困难。

生产人员进行预制构件生产时，利用 BIM 技术就可以直接读取参数化模型所包含的各种信息，直观地展现构件信息，还可以通过查看构件的属性，了解构件构造，以及构件之间、构件与螺丝的搭接方式，为构件的标准化生产提供更精确的信息。

（2）构件的运输

本项目在构件拆分设计阶段就已考虑到了构件运输问题。除此之外，构件本身相较于混凝土构件更为轻质，方便运输。

在运输构件的过程中需要注意的问题包括：第一，根据构件的尺寸选择好适合的运输车辆，并安排好运输时间；第二，制定完善的行车路线，包括构件的摆放点和车辆进出摆放点的路线；第三，根据施工所需构件的顺序制定好构件的运输顺序，使施工现场没有构件积存。

通过 RFID 技术将现场施工进度第一时间发送到 ERP 系统，能让构件准备人员立即完成构件选取的工作计划。同时 BIM 技术还可以模拟运输构件的过程，提前预知在运输过程中可能存在的问题加以避免。

6. 图纸生成

为了更清晰地呈现项目，“石榴居”出图内容除了包括传统的平、立、剖面图外，还增加了三维剖切图、透视图、爆炸图、拼装图、主体结构图、零件详图等，帮助施工人员更直观地了解建筑的构成。

在出图阶段，传统绘图方式中较为复杂的图纸给设计者增添了不少工作量，相较而言，BIM 软件（Revit）模型的联动性智能出图与自动更新功能在出图时起到了至关重要的作用，可自动生成构件平、立、剖面图及深化详图。出图时，设计者只需要对模型构件进行视图角度的调整，就可以得到自动生成的相对应的视图。

7. 施工模拟

本实践案例中，利用 Navisworks 工具可导入项目进度计划控制文件，然后通过进度表项与虚拟构件的关联实现动态节点的设定，项目节点相当于 flash 动画中的关键帧，通过工具提供的施工模拟工具，可动态生成项目按进度施工的模拟动画。通过各专业施工动画的推演确定预制件安装的顺序和施工人员部署关系，从而达到控制施工过程的目的。

8. 现场装配

“石榴居”整个建造活动历时 25 天，参与现场建造的都是自愿报名加入的学生，所有预制构件均被提前运输到装配现场，志愿者通过 Revit 生成的结构图、构件信息图、结构爆炸图等图纸指导安装，为了方便志愿者对整体结构有更清晰的了解，现场还制作了一个缩小比例的结构草模，现场的装配只需志愿者根据构件图找到每个预制构件，根据小比例草模拧螺栓拼接组装每个构件就能完成建造，全程只用到了一个脚手架就完成了安装工作。通过观察“石榴居”的建造过程，穆威发现，这种材料的结构强度远远超出了设计时的估计，经过土木专业的计算，每个节点需要螺栓的数目是46颗，但是在做第一个施工模拟样品时发现只需要4颗螺栓就能固定得很结实。后来出于安全考虑，穆威决定将设计时的46颗减到16颗，但即便是16颗，也能够保证结构在搭建一半时保持极高的稳定性。实践证明，这个装配式结构体系的强度很高，具有极强的可装配性及适用性。

9. 工作模式

（1）协同工作

在预制装配式结构建筑中，各团队之间需要紧密的协作关系，而BIM技术已被证明是整合性服务团队的关键技术。基于BIM的协同工作需要各方设计人员通过网络访问中BIM数据库或者云端，便可实时进行模型、数据的读写操作，解决了物理空间上的障碍，不受地点、时间的限制。

1）设计过程协同

本实践案例在设计过程中使用Revit软件中心文件模式的协同设计方法，首先在服务器中创建中心文件，然后在该中心文件中创建各专业规程，并设定参与者权限。其原理是所有参与设计的人员都共同操作同一个网络文件，从而达到协同的目的。

各专业人员的操作不影响他人，只有在与中心文件同步时才会进行异步上传控制，利用BIM软件自身的协同能力即可完成设计阶段的协同。

2）跨区域文件协同

基于云端的跨地域协同，原理是将项目文件夹和云盘关联，项目团队通过局域网内的项目文件夹进行团队协作，跨地域团队通过云服务同步传输文件，保证项目人员在任何时间、任何地点安全且精准地完成同一个项目，同时保证每一个人都能够依靠一个单一的、一致的项目信息资源。

（2）项目管理

1）项目进度管理

在项目开始初期，制定了项目进度管理表，根据完成内容制作节点，控制每一阶段的完成时间及提交的成果，在项目正式运行起来之后，再根据任务分配记录每个项目参与人员的实际工作进度，与计划进度对比，更好地了解项目动态，以便及时调控。

2）项目任务分配管理

项目进行的每一阶段，都将任务详细分配到每一位参与人员，并派发工作单，每项任务完成之后由项目负责人确认成果并签字，有效控制项目质量和保证项目有序推进。

通过项目任务管理表格结合个人工作管理表，方便项目负责人了解每一位组员的工作效率，合理安排任务，在项目结束时，也能准确量化每位组员的工作时长，方便绩效考核。

10. 项目中存在的问题及解决办法

（1）在建立初始模型时构建没有进行统一命名，导致在统计工程量时十分杂乱，因此后期在重设模型中对构建进行统一格式命名：功能、材料、编号。

（2）在制作族时，采用了同一族样板“常规模型”，并且没有设定族类别，导致后期不能进行构件过滤。需重设模型中按照不同的功能设置不同的族类别或采用不同的样板制作。

（3）采用工作集进行协同工作时，工作集划分不明确，任务交叉，易造成混乱。应该按照视图来划分工作集，每个视图都有固定的所有者，每个组员都在自己的视图中进行绘制，互不干扰。

（4）由于是研究性项目，项目目的与成果在项目初始阶段很不明确，变动很大，导致模型的用途在设计过程中不断改变，一个模型无法继续深化满足所有要求。因此后期不得不根据不同需求建立多套模型。

（5）项目规模较小，涉及的专业种类较少，主要由建筑专业结构专业完成，BIM 技术的协同性与集成化没有得到最大化展现。

11. BIM 技术在石榴居中的运用价值

（1）BIM 的协同工作平台提升了工作效率，也节约了工作交接与整合的时间，每个设计者都在集中工作，信息可即时更新但又互不干扰。

（2)BIM 模型的可视化更便于设计人员之间的交流沟通，对于材料结构构件等的设计修改意见意图都能有效传达。

（3）由于本项目有几百个预制构件，BIM 技术的构件模型库可以更高效地管理构件与协同设计，对所有规格的构件都有明确的目录层级分类整理，所有参与设计人员都能直接从云端模型库获取构件族，为项目的有序进行提供有利基础。

（4）与传统的现场混凝土浇筑建筑项目不同的是，预制装配式项目主要是大量预制构件、部品，只有确保每个构件、部品的拼装不出差错工程才能顺利完成。如果在传统的设计方法和工作方式下，仅仅是数量庞大的多种规格的预制构件的数据统计就会增添巨大工作量，并不能保证信息的绝对正确性，一旦发生纰漏，又会耗费人力、物力来修正返工，不仅会降低现场施工效率，还会提升成本。

BIM 技术在本项目中最突出的一点是预制构件预拼装，由于构件建模信息量充分，精细度足够，因此将 BIM 模型导入检测软件，可以提前预知在施工阶段可能出现的问题，并及时解决，也可以直接在工厂预先订制出等比例缩小的模型进行模拟施工试验。

（5)BIM 技术的优势之一就是联动性高，前期通过一次性创建信息模型就可以直接使用 revit 的出图功能出各种需要的图纸，与传统出图方式相比节省了很多繁复的标注工作，大大提高了出图效率。

（6）项目运用了 Navisworks 与 BIM 模型关联，在现场装配前就进行了 4D 施工模拟，提前对施工过程进行了演练，保证了“石榴居”实地装配工作的顺利铺展。

12. 小结

“石榴居”是一项采用 BIM 技术的装配建造项目，在此次项目中，各参与方采用 BIM 技术进行全过程参与，是一次成功的装配式建造。项目成果如下：

（1）探索了将竹资源发展成工业化的预制建造体系

胶合竹的特点是轻质，建造速度快，抗震性好。建筑师很好地利用了胶合竹的突出优势，形成一种快速建造体系，将传统材料加以繁杂的建造知识转化成预制装配的模式，形成居住单元，并发展成为一类预制住宅体系，成为一种可推广模式。

（2）公民自建体系通过集体参与得到实现

公民自建体系的重点内容是建造效率和功能需求。这类体系的形成往往没有建筑师指导，公民们就地取材，在很短时间内完成建筑的搭建。胶合竹预制建筑就是公民自建体系的新代表。

（3）“同步建造”的可行性

运用数字信息化技术将建造体系模式化，使非专业人群可以更容易地理解建筑的设计、施工环节的内容。“公民性”实现的必要条件是设计师将专业的建造问题通俗明了化，使建筑设计的可操作性在预制建造的影响下得到提升，实现真正的“同步建造”。

（4）提出了以客户需求为主的定制化模式

建立了基础构件库之后，设计团队正在探索将这种胶合竹预制体系进行市场化推广，由客户需求来提取构件进行设计拼装，这无疑是模块化、工业化与信息化三者的全方位结合模式。

（二）BIM 技术在装配式项目中的应用总结

1. BIM 技术在装配式建筑项目中的应用价值

（1）建筑设计阶段

1）提高装配式建筑设计效率

利用 BIM 模型可以减少纸张描绘出现的错误或者是信息不一致的问题，因为模型中所有构件都是通过参数控制的，任何一个图形都包括构件的尺寸、材质等信息，所以 BIM 模型是相互关联的。构件的某一个参数改变，整个模型中的所有构件都会相应变化。在设计装配式建筑时，为了保证装配质量，需要对预制构件进行各类预埋和预留的设计，这就需要很多专业人士相互合作，利用 BIM 模型，专家们可以在平台上进行沟通和修改，还可以将自己设计的信息上传到 BIM 平台，通过平台碰撞和自动筛选功能，可以找出各个专业设计之间的冲突，及时找出设计当中存在的问题。同时，通过这个平台，专业人士可以准确调动其他设计者的设计资料，避免了图纸传递不及时、图纸误差等问题，极大地便利了专业设计人员之间对设计方案的调整，节省了时间和精力，减少或避免由于设计原因造成的项目成本增加和资源浪费。

如果需要导出图纸或者是构件数量表的话，利用BIM模型也是可行的，并且更加便捷。当然，设计单位也可以利用这个模型，和施工方、建设方、厂商等实时进行沟通，可以随时调整设计方案、施工方案等，促进了彼此更好地合作。

另外，BIM的最大优势就是为整个合作方提供了及时有效的沟通管理平台，每个设计人员都能利用工作平台交互，使得各个参与方、各个专业能协同工作，实现了信息化和协同管理。利用BIM的碰撞检测软件，将BIM模型导入检查，得到检测出的碰撞点，经过分析碰撞点、讨论找出问题，减少因为缺乏沟通导致错误的概率，在项目施工之前就能及时发现问题并解决问题，优化了施工方案，避免了施工过程中出现相关问题进而影响施工进度。

除此之外，如果利用传统图纸计算，造价人员要花很多时间和精力来计算工程量，最终计算出的结果也并不准确，但是利用BIM平台里的建筑信息库，可以在最短时间内计算出准确的工程量，既避免了误差又减轻了造价人员的压力，一举两得。

2）实现装配式预制构件的标准化设计

BIM技术是开放式的，它可以共享设计信息。每个设计者都可以把自己装配式建筑的设计方案上传到“云端”服务器上，利用云端整合样式等信息，并将“族”库装配式构件（如门、窗等）进行预装，慢慢地“云端”数据越来越丰富，设计者就可以对比同一类型的“族”，从而选出装配式建筑预制构件的标准形状和模数尺寸。建立这样的“族”库，有利于设立标准的装配式建筑规范，同时还可以丰富设计者的设计思路及设计方法，节约设计的时间以及调整的时间，更好地适应居住者多样化的需求，设计出更多更好的装配式建筑。

3）降低装配式建筑的设计误差

利用BIM技术，设计者还可以精细设计装配式建筑的结构及预制构件，从而有效避免施工阶段出现装配偏差的问题。同时，还可以精确计算出预制构件的尺寸包括内部钢筋的直径、厚度等。利用BIM的三维视图并结合BIM的碰撞检测技术，可以直观看到各预制构件之间的契合度，判断其连接节点的可靠性，排除了装配构件间冲突的可能，避免了由于粗糙设计导致的装配不合理、材料浪费问题，也避免了因设计问题导致工期延误的问题。

（2）预制构件阶段

1）优化整合预制构件生产流程

还可以利用RFID技术管理预制构件的物流信息，根据客户的要求，按照合同清单上列出的编码的要求，保证构件信息的准确性，对构件进行编码，每个构件都有自己唯一的编码，它还具有拓展性。然后工作人员将RFID芯片植入构件中，其中芯片里包含了构件的类型、尺寸、材质等信息，可以让其他工作人员及时了解到相关信息，同时也会根据实际施工的使用情况，将构件的使用情况如实上传到BIM信息库里，各个单位通过沟通商讨并及时调整方案，从而避免了待工、待料等问题的发生。

2）加快装配式建筑模型试制过程

设计人员还可以在设计方案完成之后，将构件信息及时上传到BIM信息系统中，这样生产商可以直接看到构件的相关信息，进而通过条形码的形式直接将构件的尺寸、材料、预制构件内钢筋的等级等参数信息转化成加工参数，提高生产效率，实现装配式建筑BIM模型中的预制构件设计信息与装配式建筑预制构件生产系统直接对接，提高装配式建筑预制构件生产的自动化程度和生产效率。另外，为了检验BIM模型是否可行，还可以直接利用3D打印技术，将装配式建筑BIM模型打印出来，加快装配式建筑的试验过程。

（3）构件运输管理

1）构件运输管理更便捷

在运输预制构件时，通常可采用在运输车辆上植入RFID芯片的方法，这样可以准确跟踪并收集到运输车辆的信息数据。在构件运输规划中，要根据构件大小合理选择运输工具（特别是特大构件），依据构件存储位置合理布置运输路线，依照施工顺序安排构件运输顺序，寻求路程及时间最短的运输线路，降低运输费用，加快工程进度。

2）改善预制构件库存和现场管理

存储验收人员及物流配送人员可以直接读取预制构件的相关信息，实现电子信息的自动对照，减少在传统的人工验收和物流模式下出现的验收数量偏差、构件堆放位置偏差、出库记录不准确等问题的发生，这可以明显地节约时间和成本。在装配式建筑施工阶段，施工人员利用RFID技术直接调出预制构件的相关信息，对此预制构件的安装位置等必要项目进行检验，提高预制构件安装过程中的质量管理水平和安装效率。

（4）施工阶段

1）提高施工现场管理效率

利用BIM技术模拟施工现场有以下几个优点：模拟施工过程，优化施工流程；通过模拟安全突发事件，制订并完善安全管理方案，减少安全事故的发生；优化施工场地及车辆行驶路线，减少构件的二次运输，提高运输机械的效率，加快施工进度。

2)5D施工模拟优化施工、成本计划

利用BIM模型可以比较不同构件吊装的不同效果，从而选出最合适的构件，制订最合理的施工计划，实现最佳的吊装效果。

施工单位的管理人员可以利用“5D-BIM”进行模拟，了解整个施工的流程、所需要的成本等，从而进一步优化施工方案，实时监控施工进程以及施工成本。

3）工程进度可监督

确定施工方案之后，在实施施工吊装的时候，利用BIM模型就不需要图纸，只要将放构件吊装的位置、施工的顺序都保存在模型中即可。另外，为了方便检查还可以把构件的组装步骤、实际安装所在的位置还有施工的具体时间都保存在系统中。这样可以避免手写可能带来的错误，极大地提高工作效率。每天将施工记录上传到系统中，系统通过三维方式动态显示出来，进而可以通过远程访问，准确知道施工的具体进程。

（5）运维管理阶段

1）提高运维阶段的设备维护管理水平

可以利用BIM和RFID技术建立专门的运营维护系统来监测装配式建筑预制构件及设备。例如，突然发生火灾时，消防员可以通过信息系统准确定位火灾发生的地点，并借助BIM系统对建筑物监控，从而可以知道建筑物的材质，继而了解使用什么材料可以有效灭火。另外，在对装配式建筑和附属设备进行维修时，利用BIM模型可以直接知道预制构件、附属设备的型号、生产厂家等信息，极大地缩短维修工作时间。

2）加强运维阶段的质量和能耗管理

BIM技术可以通过先前装在构件里的RFID芯片，监测建筑物使用的能耗并进行分析，运维管理人员可以从分析的结果中找出并解决高能耗的地方，从而达到管理装配式建筑绿色运维的目的。

2.BIM 技术在装配式项目运用中的问题

（1）软件间的数据格式差异

在实际运用中，BIM 软件间数据传送的问题一直都存在，信息数据的丢失与数据格式之间的断壑直接导致了设计人员的成本与返工率上升，降低了工作效率。例如，Revit 与 PKPM 间的数据转换就必须由中间格式间接进行，不只 BIM 软件，这样的现象在许多其他建模软件中都存在。

（2）设计人员对 BIM 技术掌握不够

由于设计人员对 BIM 技术的理解不够深刻，对软件使用不熟练，或是仍旧没有脱离传统设计流程的刻板思维，导致工作中容易出现操作不熟练、流程某一环节缺失等问题，这在装配式项目中影响很大，族类别、命名混乱、信息输入有误等都会影响整个流程的进行，导致返工，降低工作效率。

（3）国内 BIM 软件不够齐全

国内的 BIM 相关软件开发尚处于起步阶段，仅广联达、鲁班等少数软件在可持续分析、机电分析、结构分析、深化设计及造价管理方面有自主研发。总体来说，BIM 软件的本土化程度不高。

（4）对于 BIM 的运用不够全面

目前在国内，设计人员对于 BIM 软件的应用大多还停留在建模阶段，在装配式项目中这种缺陷体现得更为明显，BIM 软件的信息化管理、施工模拟与后期运维应起到更为关键的作用，但在实际运用中，由于种种原因，设计人员对于 BIM 的建筑信息管理软件使用并不多，导致效率提升不够明显，自动化程度也没有得到更好的体现。

（5）国家 BIM 标准不够完备

由于 BIM 软件都是由国外研发的，使用的都是国外的标准规范，这就导致其在我国有些“水土不服”，BIM 技术的标准包括数据传递的格式、规范、标准、交付内容等，如果没有统一的国家标准，很难真正体现 BIM 的价值。但随着近年来 BIM 在国内的推广，我国的相关部门也开始逐渐对 BIM 标准的制定加以重视。

3. 问题成因

（1）国内的建筑工业化思想与 BIM 技术应用存在普及程度低的情况

到目前为止，我国的在建建筑中，装配式建筑占全部的比例只徘徊在

3%~5%。最近的一次全国普查的数据显示，建筑设计从业人员中了解BIM技术的只有68%，余下的相当可观数量的设计行业人员对BIM技术几乎没有任何接触和了解，而只有4%的设计人员真正使用过或正在使用BIM技术参与工作流程。建筑工业化思想与BIM技术在我国应用的普及程度仍然不容乐观。通过以上的数据我们可以看出，虽然新型建筑工业化生产模式在多方面有着明显优势，但是对我国来说，这种生产模式的推广仍然有相当漫长的路要走。

（2）我国对BIM技术的研发资金支持不够到位

从总体上说，BIM技术的概念对我国的建筑行业普遍来说还是比较新的概念，各方面系统建立都不够完善，包括研究机构的研发强度都没有跟上。目前，科研机构里有以中国建筑科学研究院等为首的综合研发机构，也有同济大学、华中科技大学这样的高校研究机构，一些公司也在BIM技术的研发方面有了很多杰出的成果。在这些科研机构和企业的不断投入和努力中，我国的建筑行业向着引入BIM技术的进程走出了坚实的一大步。但根据目前的行业状况分析，这些只是万里长征第一步，虽然有了一定的发展，但是BIM技术的研究发展乃至以后的应用还是没有足够的动力，很大程度上是政府的重视程度不够，对于科研机构、高校及企业在研发经费上甚至优惠政策上都没有得到很好的支持，没有起到对BIM技术研发的促进和鼓励作用。

（3）企业内部缺乏强烈的外部革新动机

由于BIM技术的应用对于前期研发的投入要求较大，在整个行业内BIM技术都处在普及程度较低的情况下，第一批变革的企业会获得最多收益，当然对应的投入也会很多。对大多数企业来说（其中中小企业最甚），将BIM技术应用于建筑生产的决策很有可能把企业置于很大的革新风险之中。如若更进一步将BIM技术运用于建筑工业化，这些中小型企业甚至会面临更大的转型风险。所以，革新资金成本的门槛太高，产出利益回报的前途不明显，所产生的巨大风险成为企业迈向新型建筑工业化生产模式改革的绊脚石。BIM技术有一个很大的特点，它会参与一个建筑的一整个生命周期，所以这样的时间跨度和专业跨度决定了整个建筑寿命当中各个方面的利益相关者都应该与其产生紧密联系，仅有单一单位或者在单一技术环节参与BIM应用并不能最好地实现BIM技术系统化规范化作业的初衷。在有些需要配合的情况下，若干个单位，如设计方与实施方分别采用新旧技术，这时候各种信息得不到精确高效的衔接，就会诱导出技术方面失误。所以基于上述两个原因，对绝大多数中小型企业甚至大型企业来说，他们对迈出 BIM 技术真正应用于生产的一步还是有很多顾虑，并不愿意因为改革技术而放弃成熟的生产体系。

（4）基于 BIM 技术的建筑工业化标准十分匮乏

一个完善的建筑工业化标准体系是建筑工业化生产模式发展的基石。目前我国发布了工业化建筑的标准化参数，但是缺少的是一个要求强制该参数标准实行的对应规定。同时，行业内的建筑工业化标准统一情况也参差不齐。假设在现在的市场环境下建筑行业普及了 BIM 技术，带来的结果是建筑行业对于建筑工业化标准会产生极大的依赖，预制组件之间的接口集成对预制组件尤其是装配式混凝土结构的统一标准有了更高的要求。在 BIM 技术的建筑工业化标准缺乏的情况下，整个预制组件生产行业就无法实现协调与统一，也不能对预制组件的规范生产与市场秩序提供有效监督。

在我国，在行业内 BIM 技术运用中各个环节严重缺乏相关法律法规制约的环境下，BIM 技术的普及和应用受到了很大阻碍。相比于传统的建设生产模式，新型建筑工业化生产模式对于项目中各个参与方的职能、责任以及流程都做出了新的要求，从而增加了学习成本，导致磨合问题的出现，甚至于最终产生责任纠纷和利益争端。目前，我国缺乏的是面向工程项目提供规范的合同范本，同时没有对应的法律法规进行规范。除此之外，在相应技术软件方面，政府对于软件生产方知识产权的保护力度不够大，对于盗版软件的打击力度不够强，导致了正版软件市场被侵蚀。同时因为行业不够成熟，同行业企业之间互相监督没有达到一定的效果，也没有形成完善有效的行业监管体系，这导致了相关软件企业的发展迟滞，产品竞争力不够理想。

第三节 BIM 技术的发展方向

BIM 技术在我国建筑施工行业的应用已逐渐步入注重应用价值的深度应用阶段，并呈现出 BIM 技术与项目管理、云计算、大数据等先进信息技术集成应用的“BIM+”特点，正在向多阶段、集成化、多角度、协同化、普及化应用五大方向发展。

方向之一：多阶段应用，从聚焦设计阶段应用向施工阶段深化应用延伸。

一直以来，BIM 技术在设计阶段的应用成熟度都高于施工阶段，且应用时间较长。近几年，BIM 技术在施工阶段的应用价值日益凸显，发展速度也非常快。调查显示，从设计阶段向施工阶段延伸是 BIM 发展的特点，有四成以上的用户认为施工阶段是 BIM 技术应用最具价值的阶段。由于施工阶段要求工作高效协同和信息准确传递，而且在信息共享和信息管理、项目管理能力及操作工艺的技术能力等方面要求都比较高，因此 BIM 应用有逐步向施工阶段深化应用延伸的趋势。

方向之二：集成化应用，从单业务应用向多业务集成应用转变。

目前，很多项目通过使用单独的 BIM 软件来解决单点业务问题，即以 BIM 的局部应用为主。而集成应用模式可根据业务需要通过软件接口或数据标准集成不同模型，综合使用不同软件和硬件，以发挥更大的价值。例如，基于 BIM 的工程量计算软件形成的算量模型与钢筋翻样软件集成应用，可支持后续的钢筋下料工作。调查显示，BIM 发展将从基于单一 BIM 软件的独立业务应用向多业务集成应用发展。基于 BIM 的多业务集成应用主要包括以下方面：不同业务或不同专业模型的集成、支持不同业务工作的 BIM 软件的集成应用、与其他业务或新技术的集成应用。例如，随着建筑工业化的发展，很多建筑构件的生产需要在工厂完成，如果采用 BIM 技术进行设计，则可以将设计阶段的 BIM 数据直接传送到工厂，通过数控机床对构件进行数字化加工，可以大大提高那些具有复杂几何造型的建筑构件的生产效率。

方向之三：多角度应用，从单纯技术应用向与项目管理集成应用转变。

BIM 技术可有效解决项目管理中生产协同、数据协同的难题，目前正在深入应用于项目管理的各个方面，包括成本管理、进度管理、质量管理等，与项目管理集成将是 BIM 应用的一个趋势。BIM 技术可为项目管理过程提供有效集成数据的手段以及更为及时准确的业务数据，从而提高管理单元之间的数据协同和共享效率。BIM 技术可为项目管理提供一致的模型，模型集成了不同业务的数据，且采用可视化方式动态获取各方所需的数据，确保数据能够及时、准确地在参建各方之间得到共享和协同应用。此外，BIM 技术与项目管理集成需要信息化平台系统的支持。需要建立统一的项目管理集成信息平台，与 BIM 平台通过标准接口和数据标准进行数据传递，及时获取 BIM 技术提供的业务数据；支持各参建方之间的信息传递与数据共享；支持对海量数据的获取、归纳与分析，协助项目管理决策；支持各参建方沟通、决策、审批、项目跟踪、通信等。

方向之四：协同化应用，从单机应用向基于网络的多方协同应用转变。

物联网、移动应用等新的客户端技术迅速发展普及，依托于云计算、大数据等服务端技术实现了真正协同，满足了工程现场数据和信息的实时采集、高效分析、及时发布和随时获取，形成了“云+端”的应用模式。这种基于网络的多方协同应用方式可与BIM技术集成应用，形成优势互补。一方面，BIM技术提供了协同的介质，基于统一的模型工作，降低了各方沟通协同的成本；另一方面，“云+端”的应用模式可更好地支持基于BIM模型的现场数据信息采集、模型高效存储分析、信息及时获取与沟通传递等，为工程现场基于BIM技术的协同提供新的技术手段。因此，从单机应用向“云+端”的协同应用转变将是BIM应用的一个趋势。云计算可为BIM技术应用提供高效率、低成本的信息化基础架构，两者的集成应用可支持施工现场不同参与者之间的协同和共享，对施工现场的管理过程实施监控，将为施工现场管理和协同带来革命。

方向之五：普及化应用，从标志性项目应用向一般项目应用延伸。

随着企业对BIM技术认识的不断深入，BIM技术的很多相关软件逐渐成熟，BIM技术的应用范围不断扩大，从最初应用于一些大规模、标志性的项目，发展到近两年来开始应用于一些中小型项目，而且基础设施领域也开始积极推广BIM应用。一方面，各级地方政府积极推广BIM技术应用，要求政府投资项目必须使用BIM技术，这无疑促进了BIM技术在基础设施领域的应用推广；另一方面，基础设施项目往往工程量庞大、施工内容多、施工技术难度大、施工地点周围环境复杂、施工安全风险较高，传统的管理方法已不能满足实际施工需要，BIM技术可通过施工模拟、管线综合等技术解决这些问题，使施工准确率和效率大大提高。例如，在城市地下空间开发工程项目中应用BIM技术，在施工前就可以充分模拟，论证项目与城市整体规划的协调程度，以及施工过程中可能对周围环境产生的影响，从而制订更好的施工方案。

第三章　BIM 项目管理平台建设

第一节　项目管理平台概述

BIM 项目管理平台是最近出现的一个概念，基于网络及数据库技术，将不同的 BIM 工具软件连接到一起，以满足用户对协同工作的需求。

施工方项目管理的 BIM 实施，必须建立一个协同、共享平台，利用基于互联网通信技术与数据库存储技术的 BIM 平台系统，将 BIM 建模人员创建的模型用于各岗位、各条线的管理决策，按大后台、小前端的管理模式，将 BIM 价值最大化，而非变成相互独立的 BIM 孤岛。这也是施工项目、施工作业场地的不确定性等特征所决定的。

目前市场上能够提供企业级 BIM 平台产品的公司不多，国外以 Autodesk 公司的 Revit、Bendy 的 PW 为代表，但大多是文件级的服务器系统，还难以算得上是企业级的 BIM 平台。国内提到最多的是广联达和鲁班软件，其中，广联达软件已经开发了 BIM 5D、BIM 审图软件、BIM 浏览器等，鲁班软件可以实现项目群、企业级的数据计算等，出于数据安全性的考虑，可以预见国内的施工企业将会更加重视国产 BIM 平台的使用。

国内也有企业尝试独立开发自己的 BIM 平台来支撑企业级 BIM 实施，这需要企业投入大量的人力、物力，并要以高昂的成本为试错买单。站在企业的角度，自己投入研发的优势可以保证按需定制，能切实解决自身实际业务需求。但是从专业分工的角度而言，施工企业搞软件开发是不科学的，反而会增加项目实施风险和成本。并且，由于施工企业独立开发出来的产品，很难具备市场推广价值，这对行业整体的发展来说，也是资源上的极大浪费。

因此，与具备BIM平台研发实力兼具顾问服务能力的软件厂商合作，搭建企业级协同、共享BIM平台，对于施工企业实施企业级BIM应用就显得至关重要。而且，可以通过BIM系统平台的部署加强企业后台的管控能力，为子公司、项目部提供数据支撑。另外，企业级BIM实施的成功还离不开与之配套的管理体系，包括BIM标准、流程、制度、架构等，企业级BIM实施时需综合考虑。

第二节 项目管理平台的框架分析

项目逻辑框架分析（logic Framework Analysis，LFA）是一种把项目的战略计划和项目设计连接在一起的管理方法，其主要关注的是在多项目利益相关者的环境下对项目目标的制定和资源的计划与配置。项目的垂直逻辑明确了开展项目的工作逻辑，阐明了项目中目的、目标、分解目标、产出、活动的因果关系，并详细说明了项目中重要的假设条件和不确定因素。水平逻辑定义了如何衡量项目目的、目标、分解目标、产出和项目活动及其相应的证实手段。理解这些要素的逻辑关系是为了评估和解决外部因素对项目产生的影响，从而提高项目设计的有效性。

在理解了项目外部（项目利益相关者、客户、需求）和项目内部（资源、价值、逻辑）环境的基础上，项目团队可以开始启动项目。在战略的指导下制定项目的目的任务、具体的项目目标、项目的可交付成果，为项目各项计划的开展奠定坚实的基础。

建筑业是基于项目的产业，参与工程项目建设的业主、承包方、监理、材料商等各自的利益不同、地位不同以及风险规避本性造成了建筑业是高度碎片化行业的特性。这种碎片性使合同方于近在咫尺的地方常常以脱节的关系工作，并造成不良结果，如时间与成本超过、差的质量、顾客满意、过度昂贵的争端和合同方之间的关系中断等。同时，碎片性也造成了行业效益低、工作效率差、利益相关者之间对抗性强等一直困扰着各国建筑业的问题，与其他产业相比建筑业的生产力水平是非常低的，甚至在一些国家随着时间而下降。为了整合建筑业的碎片性，减少其对项目实施和产业的危害，世界上许多国家的从业者和产业研究者都对本国建筑产业发展进行了研究。基于项目的建筑产业“文化”改革本质是强调团队精神是产业文化的核心，其工作方法是跨组织团队工作方法。Larson(1989)把团队定义为两个或多个人，寻求实现具体的绩效目标或可公认的目标，并把团队成员之间的活动协作作为实现目标或目的。在结构意义上，Haggard(1993)认为团队是一组有共同愿景或理由工作在一起的人，在有效实现共同目标上相互依赖，并且承诺工作在一起以识别和解决问题。同时，Albanese and Haggard(1993)认为团队工作方法对项目管理来说并不是新的，并且由代表业主、设计师、承包商、分包商以及供应商组成的团队已被广泛用于产生想要的项目结果。但是，Albanese(1994)通过描述组织内与组织外的团队工作之间的差异给出了更广泛的观点：组织内的团队工作指由来自一个组织——业主、设计或建筑组织的成员组成的项目团队，它直接关注提高一个组织的效益和间接有助于项目效益；而跨组织团队工作指由来自业主、设计师或承包组织的代表组成的项目团队，这些组织一起产生结果，它通过研究关于业主、设计师和承包商工作关系的问题直接关注一个项目的效力(Patrick&lung，2007)。目前在国外实践过的团队方法包括项目联盟伙伴模式、项目协作开发等，这些方法都比较关注跨组织团队里参与者的关系性质、特征等，在建筑社区里获得了广泛讨论。

现代项目管理开始注重人本与柔性管理。随着社会经济的发展，人类社会的各个方面都发生了巨大的变化，管理理论与管理实践所处环境和所需要解决的问题日益复杂。传统管理面临着严峻的挑战，如个性化的定制，市场对产品和服务更好更快和更便宜带来的加剧竞争，临时性网络组织、知识经济带来的独特性和创新要求等。为了应对上述管理挑战，便产生了项目管理，可以说项目管理理论的产生和发展是时代的需要。但项目管理从经验走向科学，大致经历了传统项目管理、近代项目管理和现代项目管理三个阶段。20世纪30年代以前的项目管理都划入传统项目管理阶段，这一阶段的项目管理强调成果性，旨在完成既定的工作目标，如金字塔、中国长城和古罗马尼姆水道。20世纪40年代到20世纪70年代是现代项目管理阶段，这一阶段的项目管理主要注重时间、成本和质量三目标的实现，项目管理的重点集中在计划、执行、控制及评价方面，强调项目管理技术，注重工具方法的开发应，如计划评审技术、关键路径方法等。20世纪70年代末直至现在是现代项目管理阶段，这一段项目管理的应用领域不断扩大，项目管理开始强调利益相关者的满意度，强调以人为本，注重生态化与柔性管理。特别是20世纪80年代初，美国的一些管理学家如彼得斯等人认为，过去的管理理论（包括以泰罗为代表的科学管理理论）过分拘泥于理性，导致了管理中过分依赖数学方法，只相信严密的组织结构、严密的计划方案、严格的规章制度和明确的责任分工，结果忽视了管理的最基本原则。因此，必须进行一场“管理革命”，使管理回到基点，即以人为核心做好那些人人皆知的工作，从而“发掘出一种新的以活生生的人为重点的带有感情色彩的管理模式”（苏东水，2003）。管理学领域的人本主义思潮也深深影响了现代项目管理思想的发展。项目管理中对于“人”的因素的强调越来越多，柔性管理方法、人本管理方法成为提高项目管理效率的新的推动力。项目参与者能力、相互之间沟通的效果、合作的倾向，以及项目团队内部的相互信任度、参与者工作积极性等指标与项目成功的正相关关系越来越强。

现代项目变得越来越复杂，工期、质量、成本方面的约束也变得越来越高，项目管理仅凭技术层次的提高和法律法规的完善已经很难带来明显的边际收益。过分强调技术的提高，过分强调利益、合同关系已经开始给项目管理带来负面效应。国外一些报告也认为，过度分散、缺乏合作与沟通、对立的合同关系等都成为阻碍行业进步的绊脚石，项目的成功越来越依赖于项目参与各方之间的相互信任、坦诚沟通、良好协作。项目管理理念也越来越注重以人为本，强调“人”在项目执行中的核心作用。《中国建筑业改革与发展研究报告（2007）》提出了“构建和谐与创新发展”的主题。作为整个社会系统中的一个子系统，建筑业的和谐直接关系着中国“和谐社会”战略的实现。建筑业又是基于项目的产业，项目作为一个社会过程进行价值创造，必须考虑其所面临的不同利益集团的交互作用事件，因此项目中的和谐将影响建筑业的和谐，从而也是整个社会和谐的因素之一。同时，国内也有学者将“和谐”理念应用于工程项目管理，提出和谐工程项目管理（何伯森等，2007；吴伟巍等，2007）。

实际上，几千年来传统的中华文化中蕴含的和谐思想和西方近年来提出的伙伴关系的理念，本质上都是一个目的——合作与共赢。无论是和谐项目管理还是伙伴模式管理，其主要是倡导“团队精神”（Team Spirit），重视“伙伴关系”，理解“双赢”（Win-Win）思想是项目成功的关键；尽量采用和解或调解的方式解决争议，将项目各方关系真正由传统的对立关系转为伙伴关系。

随着对项目参与者关系的日益重视以及项目关系相关研究的不断深入，近年来相关领域的学者也开始分析项目关系与项目绩效的关联关系。这些研究普遍认为，项目参与者之间的良好关系能够减少信息不对称、降低不确定性等，从而保证项目成功并有利于项目绩效的改进和提升。与此相关的研究包括如下几类：

第一类研究是从权维的观点定性分析，即直接将项目参与者关系作为影响项目绩效的一个环境变量进行定性分析。在其整个生命周期，每个项目都被嵌入在包括其他项目和永久组织的环境中，其绩效不可能离开其起作用的环境。基于项目管理从业者驱动的标准化理论和将项目视为一个独立的项目来研究局限性，比较水力发电项目和电力传输项目后，认为"没有项目是孤岛，项目的内部过程是受其历史与组织背景（项目环境）影响的"，从而扩展了其关于项目观点（视角）包括对环境因素和这些因素如何影响不同项目的结构、过程和结果。

因此，有必要讨论项目的环境维度。项目不会独立于价值、规范和环境中参与者的关系，不考虑这些项目不可能被理解。项目依赖不同的资源，如金钱、时间、知识，声誉、信任等，项目通过不同关系获取信息、知识和其他资源等。从这个观点来看，一个项目不仅被看作项目管理者及其计划和控制能力的结果，而且更是在与其他参与者密切交互关系中被创造，该环境不同程度地影响项目。项目在项目参与者交互中发展，项目产品是他们交互作用的结果。环境中的交互作用对项目的完成有更直接的影响，因为它将对项目参与者如何完成其任务产生不确定性。项目参与者之间的交互作用关系是环境不确定性的决定性因素，这种交互作用将带来垂直和水平不确定性。前者是指项目安排的等级条件所形成的组织间的委托代理关系和交易关系，后者指在运作工作过程中执行分配任务的参与者之间的协作关系。结合水平和垂直维度形成四个理想化的环境类型即信任环境、监督环境、谈判环境和限制环境，每个类型都暗示关于项目结构、过程和结果的不同问题，如较低的水平和垂直不确定性创造一个信任环境。在这种环境下最有利于项目探究知识的新领域，学习项目执行中的新规则和创造新的实践，这种环境被描述为对更新和创新有促进作用。

第二类体现在项目成功因素识别方面的相关研究。许多研究被执行在项目成功与失败因素的领域，近期研究中识别了协作、承诺、交流、冲突、内外部交互作用等反映项目参与者之间关系方面的因素是影响项目成功的关键因素。与此同时，一些研究也从实证或案例上证明了这些因素与项目绩效的关系。Matthew&Wenhong(2007)通过在324个项目中收集到的数据来证实委托—顾问协作被发现对项目绩效有最大的全面的显著影响。

然而，其影响是通过建立信任、目标一致和减少需求不确定性间接实现的。信任和目标一致性对项目绩效的积极影响表明了该项目中委托—顾问关系的重要性。研究者通过一个预备调查识别了55个项目成功与失败关键因素后，采用回归方法对这些可能影响项目绩效的特征与项目绩效的关系进行了一系列的研究。在2005年，采用逐步回归技术，分析表明项目参与者之间的协作是所有因素中对成本绩效产生最大最显著影响的因素，并从实证上提出了在实现项目成本目标中项目参与者之间的恰当协作有极大的贡献。2006年，研究者从所识别的中，采用多项逻辑回归分析了对项目质量和进度绩效有贡献的因素主要是参与者之间的交互作用，参与者包括内部参与者，如承包商的团队成员，以及外部团队成员如不同的分包商和卖主。并且认为当项目质量遭受参与者之间交互作用的短缺时，项目参与者的协作能力和积极态度是最大的资产。项目团队成员间简短和非正式的交流以及常规的建筑控制会议进一步支持所期望的质量目标实现。2007年，研究者采用两阶段问卷调查，在第一阶段问卷反应分析中识别出11个成功因素和9个失败因素，第二阶段问卷帮助评价这些因素的关键程度与项目给定的绩效评价的关系，然后发现许多成功或失败因素的贡献程度随着项目当前水平的绩效评价而变化。采用多项逻辑回归分析铁三角对成功因素的影响，结果表明，承诺、协作和竞争的出现是实现进度、成本和质量目标的关键因素。在进度绩效中，项目参与者的承诺是最显著的因素，更好的协作不仅是组织内部成员所需要的，而且是外部代理所需要的，缺乏协作将导致成本增加。

第三类研究体现在伙伴关系、团队文化等领域。在建筑管理中，人与人之间的关系、团队精神和协作的影响是一个重要的主题。创新采购和商业实践的出现，如伙伴模式、精益建设和供应链管理需要采取非对抗性态度、协作精神和信任，这反过来，突出了建筑组织与项目管理中社会、人力和文化因素的重要性。项目伙伴模式获得了大量关注，但是实证上伙伴模式很缺乏。

业主承包商关系有伙伴关系和非伙伴关系两种方法可供选择，一些案例或实证研究表明采用伙伴关系方法管理可以取得更好的项目绩效或成功。研究者通过比较伙伴项目与非伙伴项目（但不是定量的实证研究），比较标准包括成本、时间、变更顺序成本、索赔成本和工程价值节省等。美国军团工程师发现使用“伙伴对大的和小的合同导致了80%~100%成本超支的减少、有效减少了时间超支、75%较少的文书工作并且在现场安全和更好士气与民心上有重大改进”。基于280个建设项目的研究，Larson（1995）发现与那些采用敌对的、防御性敌对和非正式的伙伴方式的项目相比较，在控制成本、技术绩效和满足顾客期望方面，采用伙伴关系方式管理业主承包商关系的项目获得了更好的效果。此后，在291个项目中，Larson（1997）使用邮件的问卷数据来检验具体的伙伴模式的相关活动与项目成功的关系。所有主要的伙伴活动都是项目成功的一个测量指标（满足进度表、控制成本、技术性能、顾客需求、避免诉讼以及整个结果）。该结果建议使用伙伴模式并且得到组织团队高层管理的支持是其成功的关键。

随着组织领域对组织文化的重视，项目管理领域也开始重视项目文化对项目绩效的影响。文化对建设的影响是很深的，如研究者在1990年宣称一个建设组织的文化是绩效的主要决定因素，像Latham’s（1994）所做的建筑产业报告也明确断言了相同的影响。克罗地亚高速公路的战后重建（Eaton Consulting Group，2002）进一步证明了除了制度差距，文化差距也阻止了项目的有效执行。2003年也有研究者提出证据表明建筑业中许多中小企业中不恰当的文化阻止了像“伙伴模式”与“最佳价值”理念的执行。这些暗示了在人力交互作用因素产生作用的交界面产生冲突的可能性，并且这有可能转移对进度或预算的注意力。为了使团队成功，提供充分的信息和方向，开发控制与协作的合适的正式手续和恰当的机制，有必要打破项目参与者需求之间的平衡。恰当的平衡可能导致协同或“化学”的发展，减少项目中的冲突和实现更好的项目交付。有研究者认为：“项目参与人之间的冲突在许多建筑产业报告中被识别出来作为建设项目绩效差的基本原因之一。这些冲突发生在界面，一方面是因为参与者有不同的目标和不同的组织文化，这决定了他们的工作方法和与其他项目参与者的关系。”因此，通过组织文化的改变形成共同的项目文化，可以改进项目参与者之间的关系，从而有助于改进项目绩效。

第四类研究直接案例分析或实证检验项目关系对项目绩效的影响。与以上三类研究相比，直接验证项目关系与项目绩效关联性研究相对较少，而Xiao-

Hua Jin 则是这些少数研究者之一。当试图预测项目绩效时基于关系的因素很少被考虑，Xiao-Hua Jin 把关系风险和关系建立工具探索作为基于关系的因素。基于中国一般建筑项目，Xiao-Hua Jin 和其他的研究者定义了 13 个测量建设项目成功水平的绩效指标，并分成 4 组，即成本、进度、质量和绩效关系。

“关系”一词的字面意思是“事物之间相互作用、影响的状态”或“人与人之间、人与事物之间某种性质的联系”，在中国常常被理解为“人际关系”，强调的是个人与个人之间的联系。关系作为学术术语在关系营销中理解为两个和多个客体、人和组织之间的一种联系，或者理解为以双方各自或共同的兴趣、利益和资源优势为基础的社会连接，其重点关注消费者市场中组织与个人之间的关系。一般来说，任何项目都会涉及众多参与者而且关系复杂。以一般工业与民用建筑为例，项目参与者包括业主、业主单位的相关部门、项目管理咨询单位、专业设计师（建筑、结构、供暖、通风、空调电器等）、技术鉴定单位、各施工企业（包括总包、分包及其他施工单位）、材料设备供应商以及其他相关单位（城建、水电供应、环保、工商等），他们之间存在着错综复杂的联系。例如，业主相关部门对于业主的领导，技术鉴定部门对于工程质量的验收，城建部门对于工程施工许可证的审核发放，环保部门对于工程环境保护的要求等。在所有这些参与者中业主是一个焦点参与者，因为没有业主的需求就没有项目的存在。而在这些所有的关系中，业主一承包商关系是一个焦点关系。以这个焦点关系为基础，其他参与者都分别直接或间接地与这两个关系主体相关。

项目具有高度复杂性和不确定性，需要多个公司和个人参与，因此这些参与者之间的合作与协作是必不可少的。合作能够维持伙伴关系的目标一致性，关系方之间频繁的合作与协作可以增强他们之间的信任从而促进关系良性发展。项目参与方自身个体目标的实现是以整个项目目标的实现为前提的，为实现项目和组织内部的目标，项目参与方的共同行为需要资源（包括资金、专业化技巧以及其他要素），合作是对资源对等交换的一种期待。交易成本理论认为伙伴之间的合作减少了交易成本同时产生更高的质量，而“囚徒困境”博弈认为基于信任和长期考虑的合作是一种正和博弈，这都可导向关系的成功。组织间合作也是建立在“信任”基础上的合作关系，将有助于合作双方降低甚至解决组织间资源交易所产生的代理问题。

第三节　项目管理平台的功能研究

一、基于BIM技术的协同工作基础

1. 通过 BIM 文件共享信息

BIM 应用软件和信息是 BIM 技术应用的两个关键要素，其中应用软件是 BIM 技术应用的手段，信息是 BIM 技术应用的目的。当我们提到了 BIM 技术应用时，要认识清楚 BIM 技术应用不是一个或一类应用软件，而且每一类应用软件不只是一个产品，常用的 BIM 应用软件就有十几个到几十个之多。对与建筑施工行业相关的 BIM 应用软件，从其所支持的工作性质角度来讲，基本上可以划分为三个大类。第一，技术类 BIM 应用软件。其主要是以二次深化设计类软件、碰撞检查和计算软件为主。第二，经济类 BIM 应用软件。其主要是与方案模拟、计价和动态成本管理等造价业务有关的应用软件。第三，生产类 BIM 应用软件。其主要是与方案模拟、施工工艺模拟、进度计划等生产类业务相关的应用软件。在 BIM 实施过程中，不同参与者、不同专业、不同岗位会使用不同的 BIM 应用软件，而这些应用软件往往由不同软件商提供。没有哪个软件商能够提供覆盖整个建筑生命周期的应用系统，也没有哪个工程只是用一个公司的应用软件产品完成的。据 IBC(Institute for BIM in Canada，加拿大 BIM 学会）对 BIM 相关应用软件比较完整的统计，包括设计、施工和运营各个阶段大概有 79 种应用软件，施工阶段达到 25 个，这是一个庞大的应用软件集群。在 BIM 技术应用过程中，不同应用软件之间存在着大量的模型交换和信息沟通的需求。各 BIM 应用软件开发的程序语言、数据格式、专业手段等不尽相同，导致应用软件之间信息共享方式也不一样，一般包括直接调用、间接调用、统一数据格式调用三种模式。

（1）直接调用

在直接调用模式下，两个 BIM 应用软件之间的共享转换是通过编写数据转换程序来实现的，其中一个应用软件是模型的创建者，称之为上游软件，另外一个应用软件是模型的使用者，称之为下游应用软件。一般来讲，下游应用软件会编写模型格式转换程序，将上游应用软件产生的文件转换成自己可以识别的格式。转换程序可以是单独的，也可以作为插件嵌入使用应用软件中。

（2）间接调用

间接调用一般是利用市场上已经实现的模型文件转换程序，借用别的应用软件，将模型间接转换到目标应用软件中。例如，为能够使用结构计算模型进行钢筋工程量计算，减少钢筋建模工作量，需要将结构计算软件的结构模型导入到钢筋工程量计算软件中，因为二者之间没有现成可用的接口程序，所以采用了间接调用的方式完成。

（3）统一数据格式调用

前面两种方式都需要应用软件一方或双方对程序进行部分修改才可以完成。这就要求应用软件的数据格式全部或部分开放并兼容，以支持相互导入、读取和共享，这种方式广泛推广起来存在一定难度。因此，统一数据格式调用方式应运而生。这种方式就是建立一个统一的数据交换标准和格式，不同应用软件都可以识别或输出这种格式，以此实现不同应用软件之间的模型共享，IAI（International Alliance of Interoperability，国际协作联盟）组织制定的建筑工程数据交换标准 IFC（Industry Foundation Classes，工业基础类）就属于此类。但是，这种信息互用方式容易引起信息丢失、改变等问题，一般需要在转换后对模型信息进行校验。

2. 基于 BIM 技术的图档协同平台

在施工建设过程中，项目相关的资料成千上万、种类繁多，包括图纸、合同、变更、结算、各种通知单、申请单、采购单、验收单等文件，多到甚至可以堆满一个或几个房间。其中，图纸是施工过程中最重要的信息。虽然计算机技术在工程建设领域应用已久，但目前建设工程项目的主要信息传递和交流方式还是以纸质的图纸为主。对施工单位来讲，图纸的存储、查询、提醒和流转是否方便，直接影响项目进展的便利程度。例如，一个大型工程 50% 的施工图都需要二次深化设计工作，二次设计图纸提供是否到位、审批是否及时对施工进度将产生直接的影响，处理不当会带来工期的延迟和大的变更。同时，工程变更或其他的问题导致图纸的版本很难控制，错误的图纸信息带来的损失相当惊人。

BIM 技术的发展为图档的协同和沟通提供了一条方便的途径。基于 BIM 技术的图档管理核心是以模型为统一介质进行沟通的，改变了传统的以纸质图纸为主的“点对点”的沟通方式。

协同工作平台的建立。基于 BIM 技术的图档管理首先需要建立图档协同平台。不同专业的施工图设计模型通过“BIM 模型集成技术”进行合并，并将不同专业设计图纸、二次深化设计、变更、合同等信息都与专业模型构建进行关联。施工过程中，可以通过模型可视化特性，选择任意构件，快速查询构件相关的各专业图纸信息、变更图纸、历史版本等信息，一目了然。同时，图纸相关联的变更、合同、分包等信息都可以联合查询，实现了图档的精细化管理。

有效的版本控制。基于 BIM 技术的图档协同平台可以方便地进行历史图纸追溯和模型对比。传统的图档管理一般需要按照严格的管理程序对历史图纸进行编号，不熟悉编号规则的人经常找不到。有时变更较多，想找到某个时间的图纸版本就更加困难，就算找到，也需要花时间去确定不同版本之间的区别和变化。以 BIM 模型构件为核心进行管理，从构件入手去查询和检索，符合人的心理习惯。找到相关的图纸后，可自动关联历史版本图纸，可选择不同版本进行对比，对比的方式完全是可视化的模型，版本之间的区别一目了然。同时，图纸相关联的变更信息会进行关联查询。

基于模型的深化设计预警。基于 BIM 技术的图档管理可以对二次深化设计图纸进行动态跟踪与预警。在大型施工项目中，50% 的施工图纸都需要二次深化设计，深化设计的进度直接影响工程进展。针对数量巨大的设计任务，除了合理的计划之外，及时提醒和预警也很重要。

基于云技术和移动技术的动态图档管理。结合云技术和移动技术，项目团队可将建筑信息模型及相关图档文件同步保存至云端，并通过精细的权限控制及多种写作功能，确保工程文档能够快速、安全、便捷、受控地在全队中传递和共享。同时，项目团队能够通过浏览器和移动设备随时随地浏览工程模型，进行相关图档的查询、审批、标记及沟通，从而为现场办公和跨专业协作提供了极大便利。随着移动技术的迅速发展，针对工程项目走动式的办公特点，基于 BIM 技术的图档协同平台开始提供移动端的应用，项目成员在施工现场可以通过手机或 PAD 实时进行图档的浏览和查询。

二、基于BIM技术的图纸会审

图纸会审是指建设、施工、设计等相关参建单位，在收到审查合格的施工设计文件之后，对图纸进行全面细致的熟悉，审查处理施工图中存在的问题及不合理的情况，并提交设计院进行处理的一项重要活动。其目的有两个：一是使施工单位和各参建单位熟悉设计图纸，了解工程特点和设计意图，找出需要解决的技术难题，并制定解决方案；二是为了解决图纸中存在的问题，减少图纸的差错，对设计图纸加以优化和完善，提高设计质量，消除质量隐患。

图纸会审在整个工程建设中是一个重要且关键的环节。对施工单位而言，施工图纸是保证质量、进度和成本的前提之一，如果施工过程中经常出现变更，或者图纸问题多，势必会影响整个项目的施工进展，带来不必要的经济损失。BIM 模型的支持，不仅可以有效提高图纸协同审查的质量，还可以提高审查过程及问题处理阶段各方沟通协作的工作效率。

1. 施工方对专业图纸的审查

图纸会审主要是对图纸的“错漏碰缺”进行审查，包括专业图纸之间、平立剖之间的矛盾、错误和遗漏等问题。传统图纸会审一般采用的是 2D 平面图纸和纸质的记录文件。施工图纸会审的核心是以项目参与人员对设计图纸的全面、快速、准确理解为基础的，而 2D 表达的图纸在沟通和理解上容易产生歧义。首先，一个 3D 的建筑实体构件通过多张 2D 图纸来表达，会产生很多的冗余、冲突和错误。其次，2D 图纸以线条、圆弧、文字等形式存储，只能依靠人来解释，电脑无法自动给出错误或冲突的提示。

简单的建筑采用这种方式没有问题，但是随着社会发展和市场需要，异形建筑、大型综合、超高层项目越来越多，项目复杂度的增加使得图纸数量成倍增加。一个工程就涉及成百上千张图纸，图纸之间又是有联系和相互制约的。在审查一张图纸细节内容时，往往就要找到所有相关的详图、立面图、剖面图、大样图等，包括一些设计说明文档、规范等。特别是当多个专业的图纸放在一起审查时，相关专业图纸要一并查看，需要对不同专业元素的空间关系通过大脑进行抽象的想象。

利用 BIM 模型可视化、参数化、关联化等特性，同时通过“BIM 模型集成技术”将施工图纸模型进行合并集成，用 BIM 应用软件进行展示。首先，保证审核各方可以在一个立体3D模型下进行图纸的审核，能够直观地、可视化地对图纸的每一个细节进行浏览和关联查看。各构件的尺寸、空间关系、标高等相互之间是否交叉，是否在使用上影响其他专业，一目了然，省去了找问题的时间。其次，可以利用计算机自动计算功能对出现的错误、冲突进行检查，并得出结果。最后，在施工完成后，也可通过审查时的碰撞检查记录对关键部位进行检查。

2. 图纸会审过程的沟通协同

通过图纸审查找到问题之后，在图纸会审时需要施工单位、设计单位、建设单位等各方之间沟通。一般来讲，问题提出方对出现问题的图纸进行整理，为表述清晰，一般会整理很多张相关图纸，目的是让沟通双方能够理解专业构件之间的关系，这样才可以进行有效的沟通和交流。这样的沟通效率、可理解性和有效性都十分有限，往往浪费很多时间。同时也容易造成图纸会审工作仅仅聚焦于一些有明显矛盾和错误集中的地方，而其他更多错误，如专业管道碰撞、不规则或异形的设计跟结构位置不协调、设计维修空间不足、机电设计和结构设计发生冲突等问题根本来不及审核，只能留到施工现场。从这种方式来看，2D图纸信息的孤立性、分离性为图纸的沟通增加了难度。

BIM技术可用于改进传统施工图会审的工作流程，通过各专业模型集成的统一BIM模型可提高沟通和协同的效率。在会审期间，通过3D协同会议，项目团队各方可以方便地查看模型，更好地理解图纸信息，促进项目各参与方交流问题，更加聚焦于图纸的专业协调问题，大大缩短检查时间。

三、基于BIM技术的现场质量检查

当BIM技术应用于施工现场时，其实就是虚拟与实际的验证和对比过程，也就是BIM模型的虚拟建筑与实际的施工结果相整合的过程。现场质量检查就属于这个过程。在施工过程中现场出现的错误不可避免，如果能够在错误刚刚发生时发现并改正，那么将具有非常大的意义和价值。通过BIM模型与现场实施结果进行验证，可以有效地、及时地避免错误发生。

施工现场的质量检查一般包括开工前检查、工序交接检查、隐蔽工程检查、分部分项工程检查等。传统的现场质量检查，质量人员一般采用目测、实测等方法进行，对于那些需要设计数据校核的内容，经常要去查找相关的图纸或文档资料等，为现场工作带来很多不便。同时，质量检查记录一般是表格或文字，也为后续的审核、归档、查找等管理过程带来很大不便。

BIM 技术的出现丰富了项目质量检查和管理的控制方法。不同于纯粹的文档叙述，BIM 将质量信息加载在 BIM 模型上，通过模型的浏览，摆脱文字的抽象，让质量问题能在各个层面上高效地流传辐射，从而使质量问题的协调工作更易展开。同时，将 BIM 技术与现代化技术相结合，可以达到质量检查和控制手段的优化。基于 BIM 技术的辅助现场质量检查主要包括以下两方面的内容：

1.BIM 技术在施工现场质量检查的应用

在施工过程中，当完成某个分部分项时，质量管理人员可利用 BIM 技术的图档协同平台、集成移动终端、3D 扫描等先进技术进行质量检查。现场使用移动终端直接调用相关联的 BIM 模型，通过 3D 模型与实际完工部位进行对比，可以直观地发现问题，对于部分重点部位和复杂构件，利用模型丰富的信息，关联查询相关的专业图纸、大样图、设计说明、施工方案、质量控制方案等信息，可及时把握施工质量，极大地提高了现场质量检查的效率。

2.BIM 技术在现场材料设备等产品质量检查的应用

提高施工质量管理的基础就是保证“人、机、物、环、法”五大要素的有效控制，其中，材料设备质量是工程质量的源头之一。由于材料设备的采购、现场施工、图纸设计等工作是穿插进行的，各工种之间的协同和沟通存在问题。因此，施工现场对材料设备与设计值的符合程度的检查非常烦琐，BIM 技术的应用可以大幅度降低工作的复杂度。

在基于 BIM 技术的质量管理中，施工单位将工程材料、设备、构配件质量信息录入建筑信息模型，并与构件部位进行关联。通过 BIM 模型浏览器，材料检验部门、现场质量员等都可以快速查找到所需的材料及构配件信息，规格、材质、尺寸要求等一目了然。并根据 BIM 设计该模型，跟踪现场使用产品是否符合实际要求。特别是在施工现场，通过先进测量技术及工具的帮助，可对现场施工作业产品材料进行追踪、记录、分析，掌握现场施工的不确定因素，避免不良后果的出现，监控施工产品质量。

针对重要的机电设备，在质量检查过程中，通过复核，及时记录真实的设备信息，关联到相关的BIM模型上，对于运维阶段的管理具有很大的帮助。运维阶段利用竣工建筑信息模型中的材料设备的信息进行运营维护，如模型中的材料，机械设备的材质、出厂日期、型号、规格、颜色等质量信息及质量检验报告，对出现质量问题的部位快速地进行维修。

四、基于BIM技术的施工组织协调

建筑施工过程中专业分包之间的组织协调工作的重要性不容忽视。在施工现场，不同专业在同一区域、同一楼层交叉施工的情况是难以避免的，是否能够组织协调好各方的施工顺序和施工作业面，会对工作效率和施工进度产生很大影响。首先，建筑工程施工效率的高低关键取决于各个参与者、专业岗位和分包单位之间的协同合作是否顺利。其次，建筑工程施工质量也和专业之间的协同合作有着很大的关系。最后，建筑工程的施工进度也和各专业的协同配合有关，专业之间的默契配合有助于加快工程建设的速度。

BIM技术可以提高施工组织协调的有效性，BIM模型是具有参数化的模型，可以继承工程资源、进度、成本等信息，在施工过程的模拟中，实现合理的施工流水划分，并给予模型完成施工过程的分包管理，为各专业施工方建立良好的协调管理而提供支持和依据。

1. 基于BIM技术的施工流水管理

施工流水段的划分是施工前必须要考虑的技术措施。其划分的合理性可以有效协调人力、物力和财力，均衡资源投入量，提高多专业施工效率，减少窝工，保证施工进度。施工流水段的合理划分一般要考虑建筑工艺及专业参数、空间参数和时间参数，并需要综合考虑专业图纸、进度计划、分包计划等因素。实际工作中，这些资源都是分散的，需要基于总的进度计划，不断对其他相关资源进行查找，以便流水段划分更加合理。如此巨大的工作量很容易造成各因素考虑不全面，流水段划分不合理或者过程调整和管控不及时，容易造成分包队伍之间产生冲突，最终导致资源浪费或窝工。

基于BIM技术的流水段管理可以很好地解决上述问题。在基于BIM技术的3D模型基础上，将流水段划分的信息与进度计划相关联，进而与4D模型关联，形成施工流水管理所需要的全部信息。在此基础上利用基于4D的施工管理软件对施工过程进行模拟，通过这种可视化的方式科学调整流水段划分，并使之达到最合理的状态。在施工过程中，基于BIM模型可动态查询各流水施工任务的实施进展、资源施工状况，碰到异常情况及时提醒。同时，根据各施工流水的进度情况，对相关工作进度状态进行查询，并进行任务分派、设置提醒、及时跟踪等。

一些超高层复杂建筑项目，分包单位众多、专业间频繁交叉工作多，此时，不同专业、资源、分包之间的协同和合理工作搭接显得尤为重要。流水段管理可以结合工作面的概念，将整个工程按照施工工艺或工序要求，划分成一个个可管理的工作面单元，在工作面之间合理安排施工工序。在这些工作面内部合理划分进度计划、资源供给、施工流水等，使得基于工作面内外工作协调一致。

2. 基于BIM技术的分包结算控制

在施工过程中，总承包单位经常按施工段、区域进行施工或者分包。在与分包单位结算时，施工总承包单位变成了甲方，供应商或分包方成了乙方。在传统的造价管理模式下，施工过程中人工、材料、机械的组织形式与造价理论中的定额或清单模式的组织形式存在差异；在工程量的计算方面，分包计算方式与定额或清单中的工程量计算规则不同，双方结算单价的依据与一般预结算也存在不同。对这些规则的调整，以及量价准确价格数据的提取，主要依据造价管理人员的经验与市场的不成文规则，使其常常成为成本管控的盲区或灰色地带，同时也经常造成结算不及时、不准确，使分包工程量结算超过总包向业主结算的工程量。

在基于BIM技术的分包管理过程中，BIM模型集成了进度和预算信息，形成SD模型。在此基础上，在总预算中与某个分包关联的分包预算会关联到分包合同，进而可以建立分包合同、分包预算与SD模型的关系。通过SD模型，可以及时查看不同分包相关工程范围和工程量清单，并按照合同要求进行过程计量，为分包结算提供支撑。同时，模型中可以动态查询总承包与业主的结算及收款信息，据此对分包的结算和支付进行控制，真正做到“以收定支”。

第四节　对于项目管理平台的应用价值

建设工程项目在协同工作时常常遇到沟通不畅、信息获取不及时、资源难以统一管理等问题。目前，大家普遍采用信息管理系统，试图通过业务之间的集成、接口、数据标准等方式来提高众多参建者之间的协同工作效率，但效果并不明显。BIM 技术的出现，带来了建设工程项目协同工作的新思路。BIM 技术不仅实现了从单纯几何图纸转向建筑信息模型，也实现了从离散的分步设计和施工等转向基于统一模型的全过程协同建造。BIM 技术为建设工程协同工作带来如下价值。

1.BIM 模型为协同工作提供了统一管理介质

传统项目管理系统更多的是将管理数据集成应用，缺乏将工程数据有机集成的手段。根本原因就是建筑工程所有数据来自不同专业、不同阶段和不同人员，来源的多样性造成数据的收集、存储、整理、分析等难度较高。BIM 技术基于统一的模型进行管理，统一了管理口径，将设计模型、工程量，预算、材料设备、管理信息等数据全部有机集成在一起，降低了协同工作的难度。

2.BIM 技术的应用降低了各参与方之间的沟通难度

建设工程项目不同阶段的方案和措施的有效实施，都是以项目参与人员的全面、快速、准确理解为基础的，而 2D 图纸在这方面存在障碍。BIM 技术以 3D 信息模型为依托，在方案策划、设计图纸会审、设计交底、设计变更等工作过程中，通过 3D 形式传递设计理念、施工方案，提高了沟通效率。

3.BIM 技术促进建设工程管理模式创新

BIM 技术与先进的管理理念和管理模式集成应用，以 BIM 模型为中心可以实现各参建方之间高效的协同工作，为各管理业务提供准确的数据，大大提升管理效果。在这个过程中，项目的组织形式、工作模式和工作内容等将发生革命性的变化，这将有效地促进工程管理模式的创新与应用。

第四章 BIM 与造价管理

第一节 造价管理的历史演变

工程造价是指进行某项工程建设所花费的全部费用。工程造价是一个广义概念，在不同的场合，工程造价含义不同。由于研究对象不同，工程造价有建设工程造价、单项工程造价、单位工程造价以及建筑安装工程造价等。广义来讲造价是成本、税金及利润之和，但狭义的造价与成本的概念是等同的。因此，在很多地方两者是混用的。例如，施工单位与建设单位的工程结算价格，对施工单位来说是工程造价，而对建设单位来说又可以作为工程成本的一部分。因此，在理解的时候不必过分拘泥到底是造价还是成本，关键还是从哪个角度来看。

一、行业转变

工程计价管理阶段演变如下。

1. 无标准阶段

中华人民共和国成立初期属于无统一预算定额、单价情况下的工程造价计价模式。国家没有统一标准和规范，仅通过图纸手工计算工程量后，凭经验、凭市场行情来确定工程造价。

2. 预算定额模式阶段

由政府统一预算定额、单价情况下的工程造价计价模式，即政府决定造价。按正常的施工条件，以平均的劳动强度、平均的技术熟练程度，在平均的技术装备条件下，完成单位合格产品所需的劳动消耗量就是预算定额的消耗水平。

3. 消耗量定额模式阶段

在原有预算定额计价模式的基础上提出了“控制量，放开价，引入竞争”的新模式。消耗量定额反映的是人工、材料和机械台班的消耗量标准，适用于市场经济条件下的建筑安装工程计价，体现了工程计价“量价分离”的原则；传统的预算定额是计划经济的产物，“量价合一”，不利于竞争机制的形成。

4. 清单模式阶段

有关部门颁布了《建设工程工程量清单计价规范》(GB 50500—2013)，使用统一的工程量计算规则和统一的施工项目划分规定。工程量清单采用综合单价，它包括人工费、材料费、机械费、管理费和利润，且各项费用均由投标人根据企业自身情况并考虑各种风险因素后自行编制。

二、工具转变

计价工具的转变经历了如下阶段。

1. 全手工计算阶段

在计算机还没有普及的年代，一切只能靠手工来完成(借助算盘和计算器)。

2. 计价软件阶段

随着家用计算机的逐渐普及，各地计价软件如雨后春笋般不断涌现。由于各地定额不同以及程序开发难度低，每个省甚至是每个地级市都有当地的计价软件。由于效率提高明显，在得到用户认可后计价软件迅速普及。

3. 算量软件阶段

计价软件普及后，造价人员把 50% ~ 80% 的时间花在了工程量计算上面。而且随着工程规模越来越大，复杂程度不断提高，异形结构大量应用，手工计算工程量已经难以适应。因此，算量软件的应用也越来越普及，即通过软件建立工程 BIM 模型，进行三维计算和扣减。例如，鲁班和广联达软件等，都是国内较早一批做算量软件的厂商，目前每年至少有数万个模型建立。算量软件的应用，也标志着 BIM 在 5D 造价中的价值得以体现。

第二节　当前造价管理的局限

一、与市场脱节

目前，国内各界普遍采用的工程造价管理模式，是静态管理与动态管理相结合的模式，即由各地区主管部门统一采用单价法编制工程预算定额实行价格管理（地区平均成本价），分阶段调整市场动态价格，将指导价和指定价相结合，定期或不定期公布指导性系数，再由各地区的工程造价机构据此编制、审查、确定工程造价。多年来，这种管理办法基本适应了由计划经济向市场经济的转变，强化了政府对工程造价的宏观调控，初步起到了自成体系、管理有序、控制造价、促进效益的积极作用。同时，已经开始实施的注册造价工程师制度，又促使我国的建设工程造价管理向专业化、正规化方向前进了一大步。

但随着市场经济的发展，现行的建设工程造价管理体制与管理模式存在的局限性越来越明显，并已开始制约管理水平的提高与发展。国家虽然已经意识到这种制度存在的局限性对经济发展形成了不利因素，并已开始制定相关制度，但仍需加大相关管理力度。

二、区域性

造价管理区域性非常明显，全国各省、自治区、直辖市几乎都有一套当地的标准。这主要是由中国的管理体制决定的：定额管理是一个部门，招标投标管理是另一个部门，定额又分为全国统一定额、行业统一定额、地区统一定额、补充定额等。所以人们看到的一个现象是，全国性的施工企业、房产企业很多，但是全国性的造价咨询公司很少。这跟地方保护有关，更重要的是由于各地标准不同，在一个地区积累的经验和数据，到另外一个地区往往就不适用了，可能需要重新再来，而这些历史造价指标数据恰恰是造价咨询公司立足的根本。

三、共享与协同不够

目前，造价管理还停留在工程项目特定节点的应用（概算、预算和结算）、单个岗位的应用和单个项目的应用上。

1. 内部人员共享

造价工程师所获得的数据还没有办法共享给内部人员：一方面是因为技术手段，另一方面是因为所提供的数据其他人无法直接使用，需要进行拆分和加工。同时，各地区标准不一样也造成了共享困难。

2. 造价工程师无法与其他岗位协同办公

例如，进行项目的多算对比、成本分析，需要财务数据、仓库数据、材料数据等，这些就涉及多岗位的协同。现阶段的协同效率非常低，而且拿到的数据很难保证及时性和准确性。所以说做好项目要进行三算对比，但实际上目前造价管理无法真正做到。

四、造价不够精细

精细化造价管理需要细化到不同时间、不同构件、不同工序等。目前很多的施工企业只知道项目一头一尾两个价格，过程中成本管理完全放弃了。项目做完了才发现，实际成本和之前的预算出入很大，这个时候再采取措施为时已晚。对建设单位而言，预算超支现象十分普遍，这首先是由于没有能力做准确的估算，其次是缺乏可靠的成本数据。

五、数据的及时更新和维护不及时

现场的设计变更，签证索赔，对量和价的调整比比皆是，另外材料价格的波动也非常频繁。如何掌握这些最新的数据，并及时做出相应的调整和对策，这也是目前造价管理碰到的问题。材料、设备、机械租赁、人工与单项分包价格还凭借人工采集，定额站和建材信息网提供的价格数据，与实际的市场行情相比，在准确性、及时性和全面性方面都存在问题。

第三节　工程造价组成的关键要素

工程项目总造价可以由如下的简化公式来表达：

$$项目总造价 = \sum i[量 \times 价格 \times 消耗量指标]$$

在这个公式中，工程造价组成的三个关键要素对项目总造价的影响和作用如下。

一、量数据

工程量项目的经济管理、工程造价控制是基本建设的核心任务，正确、快速地计算工程量是这一核心任务的首要工作。工程量计算是编制工程预算的基础工作，具有工作量大、烦琐、费时等特点，占编制整份工程预算工作量的50% ~ 70%，而且其精确度和快慢程度将直接影响预算的质量与速度。改进工程量计算方法，对于提高概（预）算质量，加速概（预）算速度，减轻概（预）算人员的工作量，增强审核、审定的透明度都具有十分重要的意义。

二、价格数据

建筑材料的种类型号繁多，不同种类和型号价格也不一样，而且建筑市场的价格不透明，国家统一的定额价格不能做到实时更新，导致采购员无法获得准确的材料价格，直接影响到工程造价。

三、消耗量指标

目前使用的是各地政府制定的当地定额书，里面的消耗量指标反映的是整个地区的整体生产力水平，且更新较慢，许多地方用的还是21世纪初的定额，已经无法反映当下的水平，再加上各公司生产力水平的不等，根据定额书里的消耗量指标已经无法准确计算工程造价，更不用提各企业按照定额书中的消耗量指标来测算成本了。

第四节 BIM在造价管理中的作用和意义

BIM在建设项目造价管理信息化方面具有不可比拟的优势，对于提升建设项目造价管理信息化水平、提高效率，乃至改进造价管理流程，都具有积极意义。工程造价主要由量数据、价格数据和消耗量指标数据三个关键要素组成，而BIM在造价管理中的作用主要体现在量数据的获得方面。

一、BIM在造价管理中的作用

（一）提高工程量计算准确性

基于BIM的自动化算量方法比传统的计算方法更加准确。工程量计算是编制工程预算的基础，但计算过程非常烦琐和枯燥，造价工程师容易人为造成计算错误，影响后续计算的准确性。一般项目人员计算工程量误差在 ±3% 左右算合格了；如果遇到大型工程、复杂工程、不规则工程结果就更加难说了。另外，各地定额计算规则的不同也是阻碍手工计算准确性的重要因素。每计算一个构件都要考虑相关哪些部分要扣减，需要具有极大的耐心和细心。BIM的自动化算量功能可以使工程量计算工作摆脱人为因素影响，得到更加客观的数据。利用建立的三维模型进行实体扣减计算，对于规则或者不规则构件都能同样计算。

（二）合理安排资源计划，加快项目进度

好的计划是成功的一半，这在建筑行业尤为重要。建筑周期长，涉及人员多，条线多，管理复杂，没有充分合理的计划，容易导致工期延误，甚至发生质量和安全事故。

利用BIM模型提供的数据基础可以合理安排资金计划、人工计划、材料计划和机械计划。在BIM模型所获得的工程量上赋予时间信息，就可以知道任意时间段各项工作量是多少，进而可以知道任意时间段造价是多少，根据这些制订资金计划。另外，还可以根据任意时间段的工程量，分析出所需要的人、材、机数量，合理安排工作。

（三）控制设计变更

遇到设计变更，传统方法是依靠手工先在图纸上确认位置，然后计算设计变更引起的量增减情况。同时，还要调整与之相关联的构件。这样的过程不仅缓慢，耗费时间长，可靠性也难以保证。加之变更的内容没有位置信息和历史数据，之后查询也非常麻烦。

利用BIM模型，可以把设计变更内容关联到模型中。只要把模型稍加调整，相关的工程量变化就会自动反映出来。甚至可以把设计变更引起的造价变化直接反馈给设计人员，使他们能清楚地了解设计方案的变化对成本的影响。

（四）对项目多算对比进行有效支撑

利用BIM模型数据库的特性，可以赋予模型内的构件各种参数信息。例如，时间信息、材质信息、施工班组信息、位置信息、工序信息等。利用这些信息可以把模型中的构件进行任意的组合和汇总。例如，找第5施工班组的工作量情况时，在模型内就可以快速进行统计，这是手工计算所无法做到的。BIM模型的这个特性，为施工项目做多算对比提供了有效支撑。

（五）历史数据积累和共享

工程项目结束后，所有数据要么堆积在仓库，要么不知去向，今后遇到类似项目，如要参考这些数据就很难了。而且以往工程的造价指标、含量指标，对今后项目工程的估算和审核具有非常大的价值，造价咨询单位视这些数据为企业核心竞争力。利用BIM模型可以对相关指标进行详细、准确的分析和抽取，并且形成电子资料，方便保存和共享。

二、造价管理中应用BIM的意义

（1）帮助工程造价管理进入实时、动态、准确分析时代。

（2）有助于建设单位、施工单位、咨询企业的造价管理能力大幅增强，大量节约投资。

（3）整个建筑业的透明度将大幅提高，招标投标和采购腐败将大为减少。

（4）有利于加快建筑产业的转型升级。在这样的体系支撑下，基于“关系”的竞争将快速转向基于“能力”的竞争，产业集中度提升加快。

（5）有利于低碳建造，建造过程能更加精细。

（6）基于BIM的自动化算量方法将造价工程师从烦琐的劳动中解放出来，有利于为造价工程师节省更多的时间和精力用于更有价值的工作，如询价、评估风险等，并可以利用节约的时间编制更精确的预算。

第五节　基于BIM的全过程造价管理

全过程造价管理是为确保建设工程的投资效益，对工程建设从决策阶段到设计阶段、招投标阶段、施工阶段等的整个过程，围绕工程造价进行的全部业务行为和组织活动。对基于BIM技术的全过程造价管理在项目建设各阶段发挥的作用简单总结如下。

一、决策阶段

在项目投资决策阶段，可以利用以往BIM模型的数据，如类似工程每平方米造价是多少，估计出投资一个项目大概需要多少费用。根据BIM数据库的历史工程模型进行简单调整，估算项目总投资，提高准确性。

二、设计阶段

可以利用BIM模型的历史数据做限额设计，这样既可以保证设计工程的经济性，又可以保证设计的合理性。

设计限额指标由建设单位独立提出，目前限额设计的目的也由“控制”工程造价改成了“降低”工程造价。住房和城乡建设部绿色建筑评价标识专家委员曾表示:“工程建设项目的设计费虽仅占工程建安成本的1%～3%，但设计决定了建安成本的70%以上，这说明设计阶段是控制工程造价的关键。设定限额可以促进设计单位有效管理，转变长期以来重技术、轻经济的观念，有利于强化设计师的节约意识，在保证使用功能的前提下，实现设计优化。”

设计限额是参考以往类似项目提出的。但是，多数项目完成后没有进行认真总结，造价数据也没有根据未来限额设计的需要进行认真的整理校对，可信度低。利用BIM模型来测算造价数据，一方面可以提高测算的准确度，另一方面可以加大测算的深度。设计完成后，可以利用BIM模型快速做出概算，并且核对设计指标是否满足要求，控制投资总额，发挥限额设计的价值。

三、招投标阶段

随着工程量清单招标投标在国内建筑市场的逐步应用，建设单位可以根据BIM模型在短时间内快速准确提供招标所需的工程量，以避免施工阶段因工程量问题引起的纠纷。

对于施工单位，由于招标时间紧，靠手工来计算，多数工程很难对清单工程量进行核实，只能对部分工程、部分子项进行核对，这样难免出现误差。利用BIM模型可以快速核对工程量，避免因量的问题导致项目亏损。

四、施工阶段

在招标完成并确定总包方后，会组织由建设单位牵头，施工单位、设计公司、监理单位等参加的一次最大范围的设计交底及图纸审查会议。虽然，图纸会审是在招标完成后进行的，大多数问题的解决只能增加工程造价，但是能够在正式施工前解决，可以减少签证，减少返工费用及承包商的施工索赔，而且随着承包商和监理公司的介入，可以从施工及监理的角度审核图纸，发现错误和不合理因素。

然而，传统的图纸会审是基于二维平面图纸的，且各专业的图纸分开设计，靠人工检查很难发现问题。利用BIM技术，在施工正式开始以前，把各专业整合到统一平台，进行三维碰撞检查，可以发现大量设计错误和不合理之处，从而为项目造价管理提供有效支撑。当然，碰撞检查不单单用于施工阶段的图纸会审，在项目的方案设计、扩初设计和施工图设计中，建设单位与设计公司已经可以利用BIM技术进行多次图纸审查，因此利用BIM技术在施工图纸会审阶段就已经将这种设计错误降到很低的水平。

另外，建设单位可以利用BIM技术合理安排资金，审核进度款的支付。特别是对于设计变更，可以快速调整工程造价，并且关联相关构件，便于结算。

施工单位可以利用BIM模型按时间、按工序、按区域算出工程造价，便于成本控制。也可以利用BIM模型做精细化管理，如控制材料用量。材料费在工程造价中往往占有很大的比重，一般占预算费用的70%，占直接费用的80%左右。因此，必须在施工阶段严格按照合同中的材料用量控制，从而有效地控制工程造价。控制材料用量最好的办法就是限额领料，目前施工管理中限额领料手续流程虽然很完善，但是没有起到实际效果，关键是因为领用材料时，审核人员无法判断领用数量是否合理。利用BIM技术可以快速获得这些数据，并且进行数据共享，相关人员可以调用模型中的数据进行审核。

施工结算阶段，BIM模型的准确性保证了结算的快速准确，避免了有些施工单位为了获得较多收入而多计工程量，结算的大部分核对工作在施工阶段完成，从而减少了双方的争议，加快了结算速度。

第六节 基于BIM的多维度多算对比

一、不同维度多算对比的作用

对施工单位来说，造价管理中最重要的一环就是成本控制。而成本控制最有效的手段就是进行工程项目的多算对比。多算对比涉及三个维度，即时间、工序和区域（空间位置）维度。控制项目成本，检查项目管理问题，必须要有从这三个维度统计分析成本关键要素的能力，只分析一个时间段的总成本是不够的。例如，一个项目上月完成了500万元产值，实际成本400万元，总体状况非常好，但并不能说明这个项目管理没有问题，很有可能其中某个子项工序70万元的预算成本，发生了90万元的实际成本。这就要求有能力将实际成本拆分到每个工序之中，而不能只统计一个时间段的总成本。另外，项目实施经常按施工段、按区域实施与分包，这就需要能按区域分析统计成本关键要素，实行限额领料、与分包单位结算和控制分包项目成本。三个维度的分析能力要求系统快速高效拆分汇总实物量和造价的预算数据，以往的手工预算是无法支撑这样巨大的工作量的。

二、用BIM实现多维度多算对比

（一）时间维度

将不同时间段实际成本与预算进行对比，知道某一阶段项目是营利还是亏本，以便及时采取措施。BIM模型与时间维度相结合，赋予各构件时间信息，才能实现预算与实际成本的对比。

（二）工序维度

按照某一工序进行成本对比。例如，将砌筑工程、粉刷工程等实际与预算对比，便于及时发现和处理问题。同时，保留相关数据作为企业定额使用，为今后项目管理提供依据。这是实现精细化管理的根本。

（三）区域维度

目前，大型项目、复杂项目层出不穷，甚至很多项目分不同工期、不同施工单位来完成。通过区域维度的成本对比，可以快速解决这个问题。

要实现基于不同纬度的多算对比，只有基于 BIM 模型才可以实现，因为 BIM 模型可以赋予工程各构件时间信息、工序信息、区域位置信息等。在数据库支撑下，可准确、快速实现任意条件的统计和拆分，保证了短周期、多维度成本分析的需要，可见 BIM 对于成本管控的支撑作用是不可或缺的。

第七节　BIM 在造价管理中的应用现状和发展趋势

算量软件作为 BIM 技术在造价管理中最直接的应用，目前处于迅速普及阶段，应用率为 30% ~ 40%，特别是一些“高”“大”“难”工程几乎都用算量软件。可以说 BIM 技术在造价管理中的应用要早于设计阶段。但也正是由于 BIM 应用得过于超前，现在模型的建立基本上是利用 CAD 图纸转换，或是用算量软件直接建模。

BIM 技术在造价管理中的发展方向不单单是个人工具级的应用，还有企业成本管理的应用。要把 BIM 模型作为基础，把分散在造价人员手中的 BIM 数据汇集到总部，然后对这些数据进行分析、拆分、对比和汇总，最后在企业内部进行共享，设定不同的查阅权限。不同岗位、不同部门的人可以从中调用数据，为自己的决策管理提供依据，而不是简单地凭经验来决策。

利用 BIM 模型得到数据时，还可以跟企业内部的 ERP 系统相结合。ERP 系统是企业资源计划（Enterprise Resource Planning）的简称，是指建立在信息技术基础上，集信息技术与先进管理思想于一身，以系统化的管理思想，为企业员工及决策层提供决策手段的管理平台。例如，现在国家相关部委对特级施工企业信息化提出了要求，因而相关企业纷纷购置 ERP 系统。但问题就随之出现了，ERP 中的大量数据需要手工输入，面对这种情况，大部分企业都无所适从。一般特级企业在建项目每年都有数百个，而且每个项目都是不一样的，涉及数据也非常多，靠人工输入是一项浩大的工程。而利用建立完全的 BIM

模型，直接将数据导入ERP系统中，将大大节约时间和人力。

目前BIM技术在造价管理中的应用大多还停留在施工阶段，与设计阶段以及建筑物运营维护阶段的应用交集不多，比较孤立。这一方面是因为BIM技术在设计和运营维护阶段的应用还不普及，另一方面是因为相互之间的数据标准还没有建立，表现如下。

（一）数据接口的标准

目前国内造价管理的BIM模型与设计的BIM模型是相互独立的，因此建立数据接口的标准将让造价管理的效率更上一个台阶。可以利用应用程序接口（API）建立链接，这就需要建立国内统一的BIM标准。这种方法可以把BIM相关软件进行无缝对接，避免重复建立模型，同时保证模型的准确性。

（二）BIM模型建立的标准

造价管理的特性决定了同一个项目有多家单位会进行自己的造价管理，如何形成一个统一的、方便核对的标准，决定了BIM技术在造价管理中应用的深度。

（三）材料编码、消耗量指标

条目编写规范相当重要，能否顺利建立标准将影响整个进程的快慢。目前国内还没有统一的材料编码，这就导致了各软件系统自成一套体系，阻碍了数据的共享。

可以看到，目前BIM模型应用于造价管理更多地体现在量上面，由于我国的特殊国情，各地定额标准都不一样，需要把量导入计价软件中才能得到总造价。相信随着我国市场与国际接轨的深入，在不久的将来这方面将更加完善。随着BIM技术在造价管理中的应用不断深入，建筑工程行业将变得更加透明，更加有序，企业发展的重心也会趋向于内部管理、成本控制、技术创新等。

第五章　BIM 参数化建模与互操作性

第一节　基于对象的参数化建模的演变

一、三维几何建模基础理论

无论工具是否自动化，一个好的工匠都应该熟悉自己的工具。当代建筑建模工具是交互三维计算机工具设计 40 年研究与发展的结果，并在基于对象的参数化建模上达到顶峰。

（一）三维几何建模

三维数字技术在建筑工程领域的应用有效地弥补了传统的以点、线、面等二维图元组成的工程图纸的信息表达缺陷，使计算机中的建筑产品模型更加接近现实世界，是 BIM 的重要技术支撑。三维数字技术的应用首先需要建立建筑产品的三维几何模型。三维几何模型有多种表达形式，总体上可以分为实体模型、表面模型和线框模型，三者有不同的应用领域与适用范围。目前，大部分基于 BIM 的建筑设计软件，应用先进的参数化建模技术，提供了功能较完善的实体建模功能。然而，面向其他一些应用，实体模型由于过于复杂并不适用。例如，虚拟施工、基于 Web 的协同工作等，表面模型是这些应用的理想选择。

按照建模方法的不同，计算机三维建模可以分为线框建模、表面建模和实体建模。线框建模是利用基本线素来定义设计目标的棱线部分而构成的立体框架图，模型是由一系列的直线、圆弧、点及自由曲线组成，描述的是产品的轮廓外形。表面建模是通过对实体的各个表面或曲面进行描述而构造实体模型的一种建模方法。建模时，先将复杂的外表面分解成若干个组成面，然后定义出一块块的基本面素，基本面素可以是平面或二次曲面，通过面素的连接组成了组成面，各组成面的拼接就是所构成的模型。表面模型能够比较完整地定义三维立体的表面，生成逼真的彩色图像，以便直观地进行产品的外形设计，也可以用作有限元法分析中的网格的划分。实体建模是在计算机内部以实体描述客观事物，通过基本几何实体，如长方体、圆柱体、球体、圆锥体、楔体和圆环体等实体模型来创建三维对象，然后对这些结合实体进行布尔运算形成更为复杂的几何实体。另外，实体模型也可以通过将平面对象沿路径拉伸或绕轴线旋转而得到。实体模型包含完整的几何拓扑信息，可以从其中提取实体的物理特性，如体积、表面积、惯性矩、重心等，导出实体数据进行有限元法分析，或者将实体模型退化为表面和线框对象。

（二）三维几何模型的特点及适用范围

BIM 的三维几何数据是 BIM 模型中重要的建筑产品数据，是贯穿于建筑生命期的核心数据，这些数据在建筑生命期的不同阶段被创建和利用，包含了丰富的工程信息。例如，通过对建筑三维几何数据的演算可以得出建筑构件的体积、空间位置、拓扑关系等工程信息。然而，建筑工程的不同阶段的不同应用对三维几何数据的处理需求是不一样的。在建筑设计阶段，设计软件创建三维几何数据，这些数据通常以实体模型的方式存在，实体模型记录了完整的几何拓扑信息，便于修改和编辑。然而，几何实体模型的处理是一个相当复杂的过程，涉及许多计算机图形学算法，通常需要借助专业的图形引擎实现。在结构分析阶段，通常采用线框模型便于各种结构计算分析。例如，对钢筋混凝土框架结构的力学分析。在施工阶段和运营阶段，由于不需要修改和编辑三维几何数据，其主要的应用是对三维几何数据的展现，因此表面模型更加适合。另外，对于特定的应用，表面模型具有更加便于处理的特点，如火灾模拟分析（FDS）、能耗分析、光照分析等。

由上述分析可以看出，设计阶段产生的三维几何实体模型处于 BIM 生命期数据的上游，这些数据作为核心的产品模型数据随着建筑工程的进展被下游的应用所使用。然而，由于对数据处理要求的不同，需要将实体几何模型演变为其他形式的三维几何模型，如线框模型或表面模型。

二、早期的三维几何建模

从20世纪60年代开始，三维几何模型一直是一个重要的研究领域。开发新的三维表示方法有很多潜在的用途，包括电影、建筑与工程设计以及游戏。可以表达可供查看的多面体构成的能力在20世纪60年代末首先得到发展，由此产生了第一部计算机图形电影《Tron》(1987)。这些早期的多面体形式可以通过有限的一些参数化的和可伸缩的形状组成一个图像，但是设计时需要具有容易编辑与更改复杂形状的能力。1973年的研究朝着这个目标迈出了重要的一步。能够建立并编辑任意三维实体且体积封闭形状的能力被3个研究小组分别开发出来：剑桥大学的Ian Braid，斯坦福大学的Bruce Baumgart，罗切斯特大学的Ari Requicha和Herb Voelcke。这就是熟知的实体建模（Solid Modeling），这些努力产生了用于实际三维建模设计的第一代工具。

起初，两种形式的实体建模被开发出来并在市场上相互竞争，分别是边界表示方法（B-rep）和构造实体几何法（CSG）。

（一）B-rep

边界表示方法（Boundary Representation，B-rep）通过一组闭合的、有方向的边界面来表示形状。形状是一组有边界的表面构成，这些表面满足一套体积封闭的标准，如关于连通性、方向性和表面连续等。计算功能的发展允许创建具有可变维度的形体，包括参数化的长方体、圆锥体、球体、角锥体等，同样还提供以下途径形成的形状：由剖面和轴线定义的挤压与旋转。

① B-rep优点：有较多的关于面、边、点及其相互关系的信息；有利于生成和绘制线框图、投影图，有利于计算几何特性，易于同二维绘图软件衔接和同曲面建模软件相关联。

② B-rep局限：由于它的核心信息是面，因而对几何物体的整体描述能力相对较差，无法提供关于实体生成过程的信息，也无法记录组成几何体的基本体素的元素的原始数据，同时描述物体所需信息量较多，边界表达法的表达形式不唯一。

（二）CSG

构造实体几何法(Constructive Solid Geometry, CSG)也称几何体素构造法，是以简单几何体素构造复杂实体的造型方法。其基本思想是：一个复杂物体可以由比较简单的一些形体（体素），经过布尔运算后得到。它是以集合论为基础的。首先是定义有界体素（集合本身），如立方体、柱体、球体等，然后将这些体素进行交、并、差运算。

CSG 可以看成是将物体概括分解成单元的结果。在物体被分解为单元后，又通过拼合运算（并集）使之结合为一体。CSG 可进行既能增加体素，又能移去体素的布尔运算。一般造型系统都为用户提供了基本体素，它们的尺寸、形状、位置都可由用户输入少量的参数值来确定，因此非常便捷。

① CSG 优点：方法简洁，生成速度快，处理方便，无冗余信息，而且能够详细地记录构成实体的原始特征参数，甚至在必要时可修改体素参数或附加体素进行重新拼合。数据结构比较简单，数据量较小，修改比较容易，而且可以方便地转换成边界（Brep）表示。

② CSG 局限：由于信息简单，这种数据结构无法存贮物体最终的详细信息。例如，边界、顶点的信息等。由于 CSG 表示受体素的种类和对体素操作的种类的限制，它表示形体的覆盖域有较大的局限性，而且对形体的局部操作（如倒角等）不易实现，显示 CSG 表示的结果形体时需要的时间也比较长。

（三）混合模式

两种造型方法都有各自的特点和不足，很难相互替代。CSG 法以体素为基础，它不具备面、环、边、点的拓扑结构关系。尽管数据量很小，但局部修改困难，显示速度慢，曲面表示困难。从 CAD/CAM 的发展看，CSG 表示法不能转换为线框模型，也不能直接显示工程图，因此有很大局限性。而 B-rep 表示法虽然能表示曲面，有完整的拓扑信息，但庞大的数据量和复杂的数据结构也成了它的弱点。

混合模式（Hybird Model）是建立在 BRep 与 CSG 的基础上，在同一系统中，将两者结合起来，共同表示实体的方法。以 CSG 法为系统外部模型，以 B-Rep 法为内部模型，CSG 法适于做用户接口，而在计算机内部转化为 B-Rep 的数据模型。相当于在 CSG 树结构的节点上扩充边界法的数据结构。混合模式是在 CSG 基础上的逻辑扩展，起主导作用的是 CSG 结构，B-Rep 的存在，减少了中间环节中的数学计算量，可以完整地表达物体的几何、拓扑信息，便于构造产品模型。

第一代工具支持具有关联属性的三维平面与圆柱体的对象建模，允许将对象组成工程组件，如发动机、加工厂、建筑物。这种合并的建模方式为现代参数化建模奠定了基础。

将材料与形状的其他属性做关联的价值很快被早期的系统所认同，这些可以用来做结构分析或决定体积、重量和材料清单。但是具有材料的对象会带来一些问题，如一种材料制成的形状与另一种材料制成的形状通过布尔运算进行组合时，应该如何解读呢？这一难题引入了另一个认知，就是布尔运算的主要应用会将特征（Feature）导入到最初的形状，一个对象具有由主要对象组合的特征时，就会相对地被放置到主要对象中，之后这种特征可以被命名、引用和编辑，主要对象材料的变动适用于任何体积的变化。基于特征的设计是参数化建模的一个主要子领域，也是现代参数化设计工具发展的另一个重要进步，填充墙中的门窗开洞即为墙特征的直观例子。

在实体建模技术的发展中，基于三维实体模型的建筑模型最早发展于 20 世纪 70 年代末到 80 年代初。CAD 系统，如 RUCAPS、TriCad、Calma、GDS 以及以卡内基梅隆大学和密歇根大学的研究为基础的开发系统都在发展他们的基本能力。CAD 系统同期在机械、航空航天、建筑和电器产品设计方面发展，这些产业之间相互借鉴产品建模和整合分析模拟的概念和技术。

实体建模的 CAD 系统功能强大，但往往超过现有的计算能力。有些方面，如生产图纸和报表生成，发展还不健全。此外，从概念上讲，设计三维物体对大多数设计师而言比二维设计更加陌生，他们在二维环境中工作更加舒适。制造业和航空航天工业看到了实体建模 CAD 系统在综合分析能力方面的潜力——减少错误和对工厂自动化的益处。他们与 CAD 公司合作，以解决技术早期的缺点并且努力开发新的功能。而建筑界的大多数人并没有发现这些优点。相反，他们依靠建筑图纸编辑软件，如 AutoCAD、Microstation、MiniCAD，这些软件改进了当前的工作方法，同时也支持数字时代的传统二维设计和施工文件。

从 CAD 向参数化建模进化的另一个重要步骤是认识到多个形状可以共享参数。例如，一个墙壁的界限是由同它连接的地板平面、墙壁和顶棚表面共同定义的，在所有布局中对象连接各个部分的方式确定它们的形状。如果一个墙壁被移动，那么所有紧靠它的物体都应该更新。也就是说，改变通过它们的连接性传播。在其他情况下，几何是综合考虑的，而不是被相关对象的形状来定义的，是全域性的。例如，将楼梯或墙壁上的功能内置到生成对象功能之中，对楼梯的位置、层高、踢面和踏面尺寸以及楼梯是如何组装建造的等参数进行了定义。这些类型的功能决定了楼梯在建筑界面的布局，以及在三维AutoCAD等中装配生产的发展。但这并不是完全参数化的模型。

在此后的三维模型的发展中，参数化定义的形状可以按照用户控制的第一需求自动重新计算并生成。软件标记修改的部分，然后仅对修改的部分重建。由于单个变化会传播给其他对象，因此具有复杂相互作用的集合需要发展一种处理能力去分析这些变化并选择最有效的方式去更新对象。目前，BIM和参数化模型在支持自动更新方面的能力是最先进的。

面向对象参数化建模提供了创建和编辑几何的强大方法，机械工程师在实体建模得到初步发展后意识到若没有参数化建模，模型生成与设计将会非常烦琐且容易出错。设计一个数以万计对象的建筑物，缺少有效的、高级别的自动设计编辑系统，是很难实现的。

三、基于对象的建筑参数化建模

建筑信息模型的核心技术是参数建模，建筑信息模型所有的内容都是参数化和相关联的，所以对模型的任何部分进行变更都能引起相关构件的关联变更，剖视图、施工图、大样图都会自动变更。建筑信息模型允许建筑的设计和图纸编制可以同步，在设计工作进行的同时动态生成项目的相关数据。

（一）基本思想

现阶段BIM设计工具，包括Autodesk Revit的建筑和结构，Bentley建筑及相关产品的集合、Graphisoft的ArchiCAD系列、Gehry Technology的Digital ProjecTM、Nemetschek Vectorworks等，以及建造阶段的BIM工具，包括Tekla Structures、SDs/2以及Structureworks等，都可以生成基于实体的参数化模型。这些参数化模型的基本理念是：把对象形状因素和其他属性在装配或者局部装配的等级分类上进行定义和控制。一些参数依赖于用户定义的值，另外一些依赖于一些固定的值，形状可以是2D的，也可以是3D的。

在参数化设计中，与传统设计一个建筑构件不同，设计师去定义一个由关系和规则组成控制参数的模型族（Model Families）或者构件类（Element Class），而建筑构件可以从模型族中生成，但是会根据具体关系和规则的设定不同生成不同模样的构件。定义这样的实体一般用到的参数，如“距离”“角度”等，还有规则，如“平行于”“相接于”等。这些关系允许每个构件类别的实体依据自身的参数设定和相关对象的内容状况而定（例如，墙是一面可被连接的构件），另外规则可被定义为该设计所必须满足的需求。例如，包裹钢筋的墙或混凝土的最小厚度，允许设计师修改，同时检查规则并且更新细部，使设计元素符合规则要求，并在不能满足规则时软件会警告用户。而在传统的三维CAD建模中，一个构件的每个几何面都必须由用户手动编辑，在参数化建模中，形状和几何组成会在周围环境发生改变时，或在用户的高阶控制下自动进行调整，也就是说它会根据定义自己的规则来编辑自己。

（二）参数化建模的层次

在用于 BIM 领域和用于其他行业的参数化建模工具之间有许多具体差别。此外，有几种不同类型的 BIM 设计应用程序，用来处理不同建筑系统的不同对象族。建筑是由大量的相对简单的零件组成的。每个建筑系统具有经典建筑规则和比一般的制造对象更可预见的关系。然而，一个中型建设级别的大楼所包含的详细信息量甚至会导致最高端的个人工作站发生性能问题。另一个区别是在建设中有一系列广泛的标准做法和规范，可以很容易适应和嵌入来定义对象。此外，BIM 设计应用程序需要使用建筑的惯例制图，而在机械系统中往往不支持制图或使用简单的正交制图惯例。这些差异造成了只有几个通用参数化建模工具被改编并用于建筑信息模型。不过，这是一项面向许多制造系统的业务。

如上述的参数化建模演变过程，几种不同的技术组合产生了现代参数化建模系统。可以分为以下三个层次。

①最简单的系统是定义复杂的形状，或者构建参数定义，这通常称为参数化实体建模。编辑包含按照用户需求改变参数，重新生成部分或者布局。AutoCAD 是一个例子，在这种类型的 CAD 平台上已经开发出许多 BIM 的工具。

②渐进式改进系统，就是当形状的任何参数发生改变时，装配建模按照整体布局中一个固定的顺序自动更新。这可以被称作参数的集合。这是建筑界的最新状态。

③主要改进型系统，允许定义一个形体的参数通过另一个形状的参数的规则联系起来，这是很大的改进。由于状态可能有不同方式联系，系统有自动确定更新序列的能力，这种被认为是完整参数建模或参数对象建模。

第二节 建筑物的参数化建模

一、参数化设计

参数化建模的目的是推行建设工程设计、施工和管理工资中的工程信息的模型化和数字化，以避免信息流失和减少交流障碍，它的特点是为设计和施工中建设项目建立和使用互相协调的、内部一致的及可运算的信息。建立的建筑模型是一个各种信息协调一致的整合型数据库，提供了极其完整的设计信息，达到了必要的详细度和可信度，为设计人员增加了许多的附加设计能力。参数化建模将会成为未来建筑设计信息化发展的核心。

从概念上讲，建筑信息建模工具是不同种类的基于对象的参数化建模系统。它们是不同的，因为它们有自己的一套预定义的对象族，每个可能有不同的程序化的行为，正如上节所述。这些预定义对象族的系列可以很容易地适用于每个系统的建筑设计中。

除了厂商提供的对象族，有许多网站提供额外的对象族的下载和使用。这在现代，相当于可用于早期二维制图的图块库，但它们更有用，功能更强大。这些对象族包括家具、管道、电气设备和混凝土专用固件等，可作为通用对象和特定产品模型。

BIM 对象的内置行为表明了它们如何连接到集合中，并如何自动调整自己的设计以适应其他对象的变化。例如，当其他墙体或顶棚变化时墙体做出的更新。另一个是大多数系统中当四周的墙体发生变化时，墙体包含的空间如何更新。这些对象类也定义了哪些特征可以与建筑的对象相关联。关联是制作级别 BIM 应用程序中的基本功能。一堵墙的面是否可以进行连接（在预制混凝土中经常需要的一个功能）? 因为这种可能的限制，用户可以扩展给定的基础对象族，或创建新的族以解决 BIM 软件人员没有预计到的问题是很重要的。

此外，建筑工具与其他行业工具在功能上的一个区别是需要明显地表示被建筑构件包围的空间。有利环境的建筑空间是建筑物的主要功能，形状、体积、曲面、环境质量、光照和室内空间等其他可表示的属性都是评价设计结果的关键因素。直到建筑CAD系统的出现，建筑空间才能清楚地被表达。CAD系统采用类似绘图系统的方式表达对象，把对象表示为由用户定义的多边形，并且有相关名称的空间。从2007年开始，由于美国总务管理局（GSA）的要求，BIM设计应用程序能够自动产生和更新空间体积。如今，大多数BIM设计应用程序用一个由墙和楼板的交点确定并且能自动生成和更新的多边形来定义一个建筑空间。多边形延伸到顶棚平均高度或可能被斜面的顶棚修整。旧的手工方法有着所有手工工作的弱点：用户必须管理墙体边界和空间的一致性，使得更新工作既乏味又容易出错。但是新的定义并不完美：它仅适用于垂直墙体和平整的地面，会忽略墙体的垂直变化，并且往往不能表达非水平的顶棚。

建筑师最初的工作是确定建筑元素的象征性形状。但是工程师和建造商必须处理建造的形状和布局，这不同于象征性的设计，必须加入建造级别的信息。而且，形状会随着应力、重力、偏移、温度带来的膨胀和收缩而变化。为使建筑模型更加广泛地用于直接加工，参数模型的形状生成和编辑这些方面将需要BIM设计应用程序的其他功能。

参数化建模是重要的生产能力，它使低级别的变更能够自动更新。如果不是参数化功能使自动更新功能实现，三维模型将不会在建筑设计和生产中富有成效。然而，这里有着隐含的影响。每个BIM工具会随着参数化建模实施程度，所提供的参数对象族、内嵌的规则，以及由此产生的设计行为的不同而变化。定制一些对象族的行为涉及一定水平的新的专业知识而这些知识不是在当前的建筑、施工和建造的场所能够获得的。

二、施工参数化建模

BIM设计应用程序让使用者可以通过二维断面对墙的剖面分层，一些建筑的BIM设计工具包含对象嵌套组件的参数化布局，如普通围墙内螺柱框架对象的参数化布局。如此，便可以生成详细的框架并且导出加工材料的进程表，减少废物，并允许更快地建造木材或金属螺柱框架的结构。在大尺度结构中，类似的框架和结构布局选项对建造来说是必要的操作。在这些情况下，对象是那些组成一个系统（例如，结构、机电、管线等建筑相关系统）的组件，还有一些规则决定着组件如何被组织。那些部件通常都有一些习惯性的设计和创建的特性，如连接。在更加复杂的案例中，系统原件的每一个组成部分都是一样地由其固有的构成成分组成的。例如，在混凝土中钢结构的加强或者是大跨度钢结构的复杂钢结构。

相关独特的BIM设计工具已经被开发出来，主要用于更加细致的建筑模型的建模。这些工具提供了不同的对象族，可以嵌入不同的专业知识。它们往往与各种特殊用途相关联，如材料定位与采购、设备管理系统和自动化的建造软件。这些软件的早期应用是钢铁制造。例如，设计数据SDS/2®、Tekla Structures®以及AceCAD's StruCAD®。最初，这些是简单的带有连接预定义对象族的三维布局系统，可以编辑操作，如处理型钢连接处周围的修建部分。后来这些功能增强，可支持基于负载和组件大小自动连接设计。相关的数控切割、钻孔机，这些系统已成为钢铁制造自动化的一个组成部分。以类似的方式，系统开发了预制混凝土、钢筋混凝土、金属管网、管道及其他建筑系统。

在制作模型时，对于细部制作，为改善其参数对象，制作者有一些明确的理由，如减少劳动力作业、实现特定的视觉外观、减少混合不同类型的工作人员和尽量减少材料的类型或大小等。在标准设计指南中，通常是用一种大多数人可以接受的方法，在某些情况下可使用标准细部处理的做法，来实现各种不同的目标。在其他情况下，这些细部做法则需要修改。一家公司对制造某特定对象的最佳做法或标准界面，可能还需要进一步定制化。在未来的几十年里，设计指南手册将会用一组参数模型与规则来辅助这种方式。

目前，广泛被使用的几种施工CAD系统并不是通用的基于对象参数化建模的BIM设计工具，而是传统的B-rep建模器。这些建模器可能具有基于CSG的建造树状结构和附带的对象类别库，对多用途而言，这些都是较好的产品。AutoCAD Architecture是一个常见的平台，适合属于建造层次的建模工具，它们具有对象类别的固有属性。在这些比较传统的CAD系统平台中，用户可以选择尺寸和参数化调整尺寸，以及放置3D对象和其相关属性。这些对象个体和属性可以被导出，用于物料清单、工作订单和制作，以及为其他应用系统所用。当有一套固定的对象类别能使用固定的规则来组成时，这些系统将会变得很有用，相关的应用包括：管道、通风管、电缆槽系统等。

三、参数化建模特征

（一）关联式结构

当设计师在一栋建筑物的参数化模型中放置了一面墙时，可与墙关联的包括其曲面边界、其底座平面、其终端紧邻的、与其任何对接的墙和控制其高度的楼板曲面，这些都是参数化结构中用管理更新的所有关系。当设计师在墙上置放窗户或门时，也是在定义窗户（或门）与墙的另外一种关联的关系。同样在管路布线时，定义接头是否为螺纹连接、对接焊接或有无凸缘和螺栓是很重要的。数学中的关系（Connection）称为拓扑（Topology），拓扑和几何不同，相对于几何来说，建筑模型的表示形式至关重要，它是嵌入参数化建模的一种基础定义。

其他种类的关系对参数化配置也是基本的。由混凝土包裹的钢筋是混凝土的一部分，骨架是墙的一部分，家具包含在一个空间对象中。聚合（Aggregation）是“部分”关系的总称，是一种广义的关系，用于取得对象，并在所有 BIM 设计系统中能以自动或手动的方式进行管理。聚合常被用于将空间组合成为部分，部分组合成程序集，将单件组合成部分命令，将单件组合成为架设顺序。规则可以与聚合有所关联。例如，构件的属性如何从零件属性中导入出来。

关联具有三个重要信息：什么可以被连接或是聚合物的一部分；某些关联具有一个或多个特征（例如，一个关联修改与它连接的零件）；关联的属性。

关系是 BIM 模型规则中很重要的一部分，可以决定零件之间定义的规则类型。作为设计的对象也很重要，通常需要规范或详细说明。没有一个 BIM 设计工具会清楚地定义允许和不允许的关系，它们可能被嵌入在文档中，以特定的方式被定义，因此用户必须自己厘清。在建筑设计 BIM 应用中关系很少被定义为明确的元素，但在建造 BIM 应用中，它们是被明确定义的元素。据调查，BIM 应用中尚未支持对拓扑关系的详细研究。

（二）属性

以对象为基础的参数化模型解决了几何学和拓扑学上的问题，但它们若要被其他装置解读、分析、估价和采购的话，还需要带有各式各样的特性（Attribute）。

属性（Property）会在建筑物生命期的不同阶段起到作用。例如，设计属性强调空间域的概念，空间包括居住、活动，以及用于能耗分析的设备性能。区域（空间的聚合）由处理温控和载荷的属性来定义。建筑中不同的系统要素都有自己特有的属性，用于定义结构的、热的、力学的、电气的、管道的性能等。此外，属性也包含用于采购的材料的品质与规格。例如，在制造阶段，对材料的规格要求可能细致到包括螺栓、焊缝等连接的规格。在工程的竣工阶段，属性还包含建筑运营与维护所需的信息和资料。

BIM 提供了在工程生命期中管理和集成这些属性的环境。然而，用以创建和管理它们的工具近些年才开始被发展和集成到 BIM 环境中。属性很少被单一使用，一个照明应用程序需要材料颜色、反射系数、镜面反射指数，以及可能的纹理和凸凹的贴图。对于准确的能量分析，墙需要一组不同的属性集，因此属性被适当地组织成群组，并与某些功能相关联。不同对象与材料的属性集是构成 BIM 集成环境的一部分。由于产品供应商不提供属性集，需要用户或用户所在公司结合以往经验自行设定，或从一些事先定的库中获取。支持一般性的模拟和分析工具的属性集，尚未形成使用标准，仍完全由用户自行设定。

当前 BIM 平台默认为对大多数对象提供极少的预设属性，但提供扩充属性设定的能力。用户或应用工具必须为每个相关对象添加属性，以便用于模拟、成本估计和分析，并且必须对它们用于各项任务的适合性进行管理。因不同应用程序对相同功能所需要的属性和单位可能稍有不同，就会使管理属性集变得有问题，如能源和照明。一套应用程序至少有三种方式去管理属性：

①在对象库中预先定义它们，因此当对象个体被创建时，它们也随之被添加到设计模型中。

②用户在需要时，从存储的属性库中添加到应用程序中。

③当属性从一个程式库被导出到一个分析或模拟的应用程序时，根据索引或编码自动分配属性。

支持不同类型应用程序的对象属性集和适当的对象分类库的发展，在北美施工规范协会（Construction Specification Institute of North America）和其他国家规范组织的努力下，已经成为一个广泛的议题。代表特定商业建筑产品的对象和属性的建筑构件模型资料库，是隐藏在 BIM 环境中管理对象属性背后的一个重要部分。

（三）工程图的生成

建筑信息模型中，对象（构件）个体，如形状、属性和在模型中的位置等信息只能被表示一次。根据建筑对象（构件）个体的排列，所有图纸、报表和资料集都可以被提取。由于这种非重复的建筑表现方法，如果是从同一版本的建筑模型中取得，则所有的图纸报告和分析资料集都会保持一致，此种功能可以解决重大的错误来源。在正常的 2D 建筑图中，任何更改或编辑都必须由设计师手动转换到多个绘图视图中，由于没有更新所有工程图，可能导致潜在的认为错误。在预制混凝土施工中，基于二维工程图的做法已经被证实由于错误会导致耗费约 1% 的建设成本。

建筑绘图使用的并不是正交投影图，而是建筑平面、剖面、立面，以及用在不同系统中的纸张上，这些系统一般用复杂的图例集以图形方式记录设计信息。这包括对某些实体对象的符号描绘，平面图上除了线条粗细和批注说明之外，一般用虚线来表示隐藏在剖面线背后的几何构件。在设计的不同阶段，机械、电气和管道系统（MEP）通常以不同的方式呈现，这些不同的转换需要 BIM 设计工具具备图纸信息提取能力，通过嵌入强大的格式和规则来实现。此外，有些设计公司往往会采用自定义的绘图规则，这些规则需要添加到程序的内建工具中，这些问题会影响模型如何在工具中被定义以及工具如何进行配置来提取图纸。

内建图纸的定义规则部分取自对象的定义，对象具有相关联的名称和注释，在某些情况下，如线条的粗细等则是由对象库中所携带的视图属性来定义的。对象的位置也有含义，如果将对象放置于网格的交点或墙端，就代表是尺寸的位置，这是其标注在图纸中的原因。相对于被参数化控制的其他对象，以梁为例，其长度跨于可变的支撑端上，那么图纸生成的程序将不会自动标注梁的跨度尺寸，除非系统指定要在图纸生成时标注该梁的长度。某些系统存储与对象剖面相关的注释，以达到较佳的配置，这些注释通常需要调整。其他的注释视细节为一个整体，如名称、比例和一般附注，它们都必须与整体细部相关联。图纸集中还包含建设地的位置图，用以显示这栋建筑物在地面上相对于地理空间坐标的放置点。一些 BIM 设计软件具有强大的地理坐标规划能力，但有些则没有这个功能。当前 BIM 设计工具的功能几乎已达到自动化图纸提取功能，但还不能 100% 实现自动化。

大多数建筑物包含成千上万个构件，从主要的构件梁、柱、墙、楼板、地基等到天花板、踢脚板甚至是建筑用钉子等。人们通常会认为某些类型的对象不值得建模，不过它们仍然必须在图面上被描述，才能够被正确地施工。BIM设计工具提供了由3D模型中定义的细节程度（有选择性地关闭某些对象）来提取剖面视图的方法，如果需要的话还可以移动其位置。然后在此剖面图上以人工详细地绘制所需的木块、挤压件、防水条、沥青等，并为绘制该详细剖面图提供相关文字说明。在大多数系统中，细节描述与切断的剖面有关联，当剖面中的3D元素更改时，它会自动更新剖面图，但必须以手动的方式更新手写字信息。

当前最主要的目标是尽可能实现图纸的自动生成，因为多数初始设计的成本取决于自动化程度，未来要实现建筑生产过程中各参与方全部应用BIM技术，到那时将不再需要图纸，就可以直接以模型作业，并逐渐转为无纸化的工作方式。

（四）可扩展性

许多用户会遇到的一个问题是可扩展性。项目模型太大，实际使用时遇到规模尺度的问题，使得操作变得迟缓，以至于即使是简单的操作都会费劲。建筑模型占据大量的计算机内存空间。大型建筑物可以包含数以百万计的对象，每个对象形状不同。可扩展性受该建筑物大小（比如地板面积）和模型详细程度的影响。如果对于每个钉子和螺钉都建模，那么甚至一座简单的建筑都可能会遇到可扩展性问题。

参数化建模整合了将一个对象的几何参数或其他参数与其他对象的参数相关联的设计规则。这些规则形成一个关系层次：包含对象参数的关系、对等对象的关系，调整一个对象的形状来回应另一个对象的变化，控制网格和曲面之间的层次关系，这种层次关系能够确定组相关联的对象的位置和形状参数。虽然内置对象和类似对象关系可以局部更新，层次结构规则的传播可能会导致整个建筑的更新。局部的参数化规则传播只对模型做出合理的要求，然而一些系统架构限制了层次结构规则集的传播管理能力。此外，很难将项目分割成部分单独开发但仍然管理一系列层次规则的一个项目。

内存的大小是一个问题，对象形状上的所有操作必须在内存中进行。管理参数更新的简单解决方案是在内存中执行该命令，这挑战了可扩展性并且限制了可有效编辑的项目模块的大小。但是如果规则可以跨文件传播（在一个文件中更新的对象可以导致传播到其他文件的自动更新），项目的大小限制便会消失，只有少数专门针对建筑的 BIM 设计应用程序有方法来管理跨多个文件的参数化变更传播。我们把必须在内存中进行所有对象更新的系统称为基于内存的系统，当模型变得太大而无法在内存中进行时，虚拟内存交换由此产生，这可能会导致大量的等待时间。其他系统有传播关系和跨文件更新的方法，并且可以在编辑操作的过程中打开、更新和关闭多个文件，这些称为基于文件的系统。基于文件的系统一般对小项目来说较为缓慢，但随着项目规模的增长其下降速度也非常缓慢。

针对工作分享和限制自动更新规模，用户将项目分割成模块是一种行之有效的方法，使用参考文件来限制编辑的功能。如果一个项目的层次关系不会导致全局项目的变化，这些工作可以完成得很好，一些 BIM 工具会加上这些限制。随着计算机运行速度的提高，内存和处理的问题自然会缓解。64 位处理器和操作系统也将提供很大的帮助。然而更详细的建筑模型和更大的参数规则集会有平行处理的要求，可扩展性问题还需要一段时间来解决。

（五）对象管理和链接

1. 对象管理

完整的 BIM 模型会变得相当庞大和复杂，大容量模型越来越常见，这种情况下，资料协调与管理（或称为“同步”）将成为一个大型资料管理的任务和议题。传统的使用文件管理工程案例的方法会导致以下两种问题：

a. 文件会变得很大，并且工程案例必须以某种方式被切割，以允许继续设计下去且每个文件都很大、速度慢且烦琐。

b. 文件更改仍然依靠人工管理，被取代的部分以红色的标记标识在图面上，并用三维 PDF 或其他类似的文档来做注释。传统上，由于再次对施工阶段的资料进行重大变更会产生庞大的费用，因此是不允许这样做的。BIM 和模型管理应该消除或大量减少此类问题，虽然参数化更新可以解决局部更改的问题，不同模型的协调管理以及它们所衍生的用于调度、分析、报告的资料仍然是一个重要且日益增多的问题。

另一个应了解的功能是，当文档中只交换新的、修改的或删除的对象实例的功能，以及消除未修改对象的无价值部分时，在生成图纸的环境中才被提出此问题，如 Archicad 的 Delta BIM 服务器只传送更改过的对象并导入它们称为增量更新，这大大减小了交换文件的大小，并允许立即识别和定位变更问题。这种功能需要在对象级别上，对对象标识和版本进行控制，通常由时间戳来提供。在未来系统的所有版本中，它将成为一种“必须”存在的功能，用来协调多个 BIM 应用。

2. 外部参数管理

在大量的创新项目中逐渐探索出来控制设计的几何布局的功能，这是基于在电子表格中生成和定义的控制参数（通常是一个三维网格）。对于某些类型的项目，能够读取和写入电子表格的功能保证不同的设计工具之间有一定的互操作性。假设可以在两个不同的模型环境（如 Rhino 和 Bentley）中使用相同的参数控制几何来建立等效参数化模型。Rhino 是一个友好的但是信息有限的设计工具，可以使用它来进行设计探索；然后，在 Bentley 建筑软件中更新参数，并且允许在 BIM 工具中整合这些变更，而这些 BIM 工具可能有成本或能耗分析的功能。电子表格能够保证几何交互性达到较高的水平。

参数列表的外部电子表格的另一个用途是通过引用的方式而不是直接的方式来交换参数化对象。最有名的案例是钢结构。如今以数字形式呈现的钢结构手册，对于不同的钢结构执行不同的标准规范文件。在钢结构手册中，可以使用这些文件名称来检索文件，以及其重量和质量特性。类似的配置文件可用于预制混凝土制品、钢筋和一些窗口制造商目录。如果每一个发送者和接收者都访问相同的目录，那么他们可以通过引用（名称）来导出和检索相关信息，并且通过检索适当的目录信息然后把它加载到这一部分适当的参数化模型之中来交换信息。在许多生产领域中，这是非常重要的功能。

3. 链接到外部目录文件

参数化建模的另一个重要的功能是提供外部文件的链接。如今这种功能的主要用途是连接产品及其相关的维护和操作手册，为了之后设施的运行和维护相关联（运营与维护阶段）。有些 BIM 工具可以提供这种功能，它们通过在运营与维护阶段提供支持来增强作为一种工具的价值。

第三节 BIM 的工具、平台与环境

不少人误认为 BIM 只是一套新的 3D CAD 软件，因为从视觉的静态呈现上来看，它们的确十分相似，而就软件工具的发展来说，BIM 建模（Modeling）工具的确也可算是 CAD 工具的进阶发展。然而 BIM 手册（Eastman et al., 2011）中特别强调 BIM 工具与 CAD 工具是不同的。原因有以下两个方面：

一方面，在土木工程领域里，大家长期以来所熟悉的 CAD 工具只是几何造型的建构与设计工具，而所产出的几何模型，也都是点、线、面的集合体，其与工程实体的对应皆需由人来赋予及解读。而 BIM 建模工具则是强调对象化的参数模型建构，不仅能把与工程实体对象一一对应的虚拟对象组合起来以建构出 3D BIM 模型，亦能透过所谓的参数化建模（Parametric Modeling）技术，让工具用户轻易地调整模型对象或其集合体的几何参数（如长、宽、高等）及几何参数间之关联性（如相等、等比例、相邻、相切等），来完成模型的建构与修改工作（具体内容见本章上节）。

另一方面，CAD 模型多指几何模型，BIM 模型除了前述的对象化参数几何模型外，更重视对象属性信息（如型号、材质、物理性质等）的建立与管理，以利模型生命周期中的各种应用。此外，BIM 技术虽是以 BIM 模型为基础，但并不仅是 BIM 模型的构建技术，而是涵盖整个营建设施从规划设计、建造、营运维护，一直到拆除的生命周期中，所对应 BIM 模型的构建及全生命周期信息管理与应用技术。因此，BIM 应用工具涵盖了在工程生命周期中建构、管理与应用 BIM 模型时所需的各类工具。

需要强调的是，BIM 技术并不只是一套工具软件，它除了代表了一个新时代建筑产业技术应用与服务提供的新思维，也是一套管理与应用产品和工程信息的新技术。BIM 应用工具实际上是一个广泛的通称，也就是 BIM 模型生命周期中用来构建、管理与应用的工具、平台与环境，从工具应用目的的角度可大致分成建模与建筑设计、规划与设计成果展示、分析仿真、协同作业、模型检核与管理等类别。

BIM 具有三种适用性水平的重要特征，作为工具、作为平台和作为环境。需要明确的是，没有一款应用程序适用于所有类型的项目。理想情况下，组织内可能会有数个用来支持在特殊项目间转换的平台。除了用于支持不同应用软件之间的数据沟通，或者是支持与特定制造商或咨询顾问之间的协同工作外，一般来说不太可能需要多个平台。

第四节 BIM 互操作性

一、互操作性概述

（一）互操作性的意义

建筑设计和建造是一项团队活动。越来越多的情况是，每项业务活动和每种类型的专业都依赖于各自的计算机应用程序来支持和辅助。除了支持几何结构和材料的布局，这些应用程序还可以根据各自定义的建筑表现方法实行结构和能耗分析。例如，施工过程的项目进度是与设计息息相关的项目的非几何表示，而用于各个子系统（钢筋、混凝土、管道、电气）的制造模型则是带有专业细节的另一种表示。互操作性是指在不同应用程序之间实现数据交换的能力，它能使工作流程无缝衔接，有时还能促进工作流的自动化。具有重叠数据需求的多个应用程序可以支持不同的设计及施工任务，BIM 技术在发展过程中一个突出的问题就是信息在不同工具和不同领域进行共享时存在“信息孤岛”问题，而解决此问题的有效方法是采用统一标准的数据存储格式。互操作性开辟了建筑产品模型自动化的新路径。

（二）互操作性的应用现状

传统上，互操作性依赖局限于几何形体的类基于文件的交换格式，如 DXF（Drawing Xchange Format） 和 IGES（Initial Graphic Exchange Specification）。对互操作性来说，基于应用程序接口（Application Programming Interfaces, APIs）的直接链接是最早并且仍然非常重要的途径。在国际标准化组织（SO-STEP）的努力下，从 20 世纪 80 年代末开始，数据模型被开发出来以支持不同行业之间产品与对象模型的交换。数据模型区分了用于组织数据的模式和携带数据的模式语言。有些数据转换器可以在不同的模式语言间转换，比如从IFC到XML。

国际上主要有两种主要的建筑产品数据模型，一种是用于建筑规划、设计、建造和管理的工业基础类（Industry Foundation Classes，IFC）；另一种是用于钢结构工程和装配标准。一个相关的STEP模型是用于流程工厂生命期建模的ISO—15926。这三种模型表示了不同的几何形体、关系、过程和材料、性能、建造及设计和生产过程中所需要的其他属性。

因为产品模型模式是丰富与冗余的，因此两种建筑产品数据模型应用之间可以导出、导入描述同一个对象的不同信息。美国正在完善制定BIM标准（The National BIM Standard，NBIMS）来使特定交换所需求的数据标准化，欧洲国家也正在制定类似的标准，我国已经初步制定了BIM相关标准。由于有效的数据交换正在开发中，人们普遍认为，改善工作流程是实现更好的设计和施工管理的下一个门槛。数据交换的自动化可以简化工作流程，消除一些不必要的步骤。虽然基于文档和基于XML的数据交换方式可以促进应用程序之间的数据交换，但一个不断增长的需求是通过一个建筑模型库来在多个应用程序间协调数据。BIM数据库的一个关键的特点是允许建设对象层次而非文件层次的项目管理，它的一个主要目的是帮助管理表示同一个项目的多个模型的同步化。也许在不久的将来，BIM数据库将成为一种管理BIM项目的共性技术。

（三）BIM模型的数据交换

传统的应用程序之间可采用如DXF、IGES或者SAT等转译器进行几何体交换，而如今采用建筑模型进行数据交换相对更加困难。现实情况是我们已经从过去形状和几何体的建模转换为对象的建模，前者是通用的和抽象的，后者则与真实的建筑产品对应或将用于施工指导。虽然几何体是绘图和CAD系统的关注焦点，但是如前几章中所描述的，通过BIM可以表示多种几何体以及关系、属性和不同行为的特性。当集成起来时，模型一定比CAD文件携带了更多的信息。这是一个重大的变革，所需要的信息技术支持和标准只能逐步落实到位。

在上节中，我们区分了三种类型的BIM应用程序，即工具、操作平台和环境。协同交互性能够跨越这三种层次在进行数据交换时支持性能并且处理不同的难题。BIM平台与其所支持的一套工具（最常见的是分析工具，如结构或热能分析工具，或者工料估算进度计划以及采购程序）之间的数据交换是最常见也是最重要的数据交换形式。在这种情况下，平台的本地数据模型（平台内部的数据结构）的特定部分会被解释，这种解释是通过在平台上定义需要的模型数据（称为模型视图），并且将这些数据转换为平台工具所要求的格式和补充那些非模型类的信息来实现的。由于接收工具缺少准确更新平台本地建筑模型的设计数据或者设计规则的能力，这种从平台到工具的解释通常是单向进行的。BIM工具的结果提示该平台用户更新原始模型。平台对工具的数据交互是协同交互性最基本的形式，主要通过应用程序之间直接互换方式和共享公共产品数据模型格式（如IFC）来实现。

它们之间的数据交互存在较大不同：

1. 平台到工具的数据交互方式可能是复杂的

通过对杆与节点模型的抽象，进行结构分析并且确定相关负载过程不能自动完成信息的翻译互用，因为这个过程需要人员的专业知识和判断。

2. 工具到工具的信息互用显得更简单一些

由于输出工具可获得的数据有限，所以工具到工具的信息交互也是有限的，如QTO软件与成本估算应用之间的信息交互，在此过程中QTO从BIM中提取数据，这些数据具备多种用途，可以用于成本估算、采购和物料跟踪或者涉及工作包和调度。另一种工具到工具的接口是轻量级的图元格式文件的浏览器，可以视其为一个BIM工具，如Autodesk的设计审查（使用DWF格式）或Adobe的三维浏览器（采用PDF格式），这些工具在可视化及审查方式方面拥有各自的设计应用，还可以作为与另外几个工具信息交互的接口，如照明模拟或冲突检测。在这种情况下，设计平台和工具之间的界限是模糊的。

3. 接通交互性的主要挑战

协同交互性的主要挑战是平台与平台之间的信息交互，包括设计平台（如Archicad、Revit）和数字化工程与制造模型平台（如TEKLA、SDS2 Structureworks和Strucad、CADPipet等产品）。平台不仅集成大范围的数据，同时也集成了管理对象完整性的一系列规则。

4.BIM 标准的作用

信息互用与建筑产品模型是建筑业内从业者必须关注的重要内容，AEC 行业中的材料性能标准、图形标准、产品定义标准、图形集标准、分类标准和分层标准等标准已经在实践中发挥了非常重要的持续地位。一些标准的制定是帮助协同工作的人员相互理解和统一口径。由于建筑信息模型标准是数字化的，所以这样的标准的制定也应该是数字化的。计算机科学家可以并且已经通过提供可以支持交换协议的语言（EXPRESS、BPMN、XML，其他的语言正在开发过程中）来实施信息交互的技术框架，而建筑师、工程师、承包商和制造商作为专家是知道什么样的内容是用来信息交互的。在 AEC 行业没有哪一个组织有经济实力或者知识可以为整个行业制定有效的协同交互，因此用户自定义的交换标准的制定势在必行。在某些方面，建筑模式交换会涉及一个领域所需要的建筑信息。

协同交互性是将某一应用程序所设置的模型信息映像到其他应用程序。所需要的条件是保证信息逻辑一致性。在简单的案例中，这种翻译只是语法上不涉及意义的改变。然而，许多协同交互性涉及内隐的专业知识，就会以一种含义来解释设计信息，而以另一种含义来解释其他信息。一个比较熟悉的例子是将建筑师所用的建筑模型转换为用于能耗分析。在转换时所有的空间边界的含义都发生了变化。

二、数据交换格式分类

在 20 世纪 70 年代末至 80 年代初，二维的 CAD 应用之初，不同应用程序间进行数据交互的需求就已经出现。当时广泛使用 AEC CAD 系统的是 Intergraph 公司，出现了一批软件公司编写软件将 Intergraph 公司的项目文件转换为其他系统可以识别的格式，特别是针对过程设备设计的数据交互。例如，管道设计软件与管道材料清单或管流分析应用之间的数据交互。其后，在人造卫星时代，美国宇航局为了在不同的 CAD 软件开发之间实现信息互用，要求负责宇航局项目的所有 CAD 软件公司采用统一的数据交换格式。其中，受到美国航天局资助的波音公司和通用电气设定了数据交互标准 IGES（Initial Graphics Exchange Specification，初始图形交换规范）。采用 IGES 作为数据交换媒介之后，每个软件厂商只需要开发与 IGES 之间的输入、输出接口 2 不必为每个需要进行信息互用的软件开发专门的数据接口了。IGES是协同交互性早期非常成功的一个案例，时至今日仍然被许多设计和工程组织所广泛应用。

最近 Mcgraw-Hl 公司通过对 BIM 进行的调研，认定协同交互性是 BIM 高级用户目前最大的问题——我们要如何才能实现协同交互性，并且简便可靠地在不同项目间交换数据。在一般情况下，应用程序之间的数据交换是基于两个层面的定义，如图 5-1 所示。最高级的接口是定义信息交换格式的模型转换框架，保证最初文件格式被定义为不会因信息的表现形式不同而影响其所包含的语义内容，当今所有的文件格式都基于架构语言中定义的一个框架，有很多不同的 XML 架构都是基于不同的架构语言。

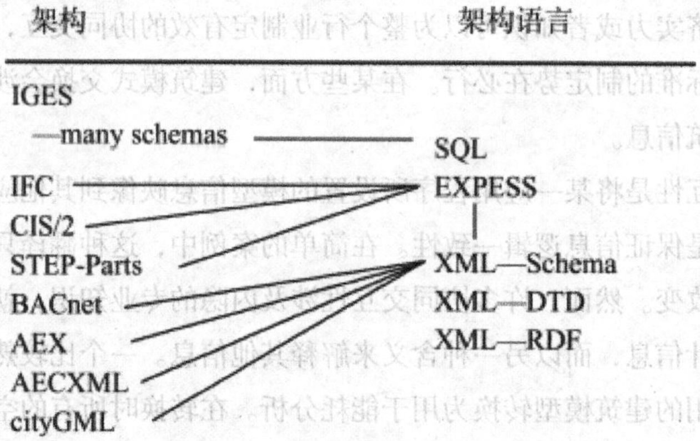

图 5-1　数据交换的两个层面

其中，SQL（Structured Query Language，结构化查询语言）是世界上主要的数据库模式定义语言，有数以千计的 SQL 模式框架，其中绝大多数都是专用的。ISO-STEP 所开发的数据库建模语言 EXPRESS 是一系列产品技术和模式的基础，包括工业基础类（Industry Foundation Classes，IFC）和 CIS/2（CIM steel Integration Standard Version2）等超过 20 种交换模式，在制造业、造船业和电子行业广泛应用。另外一种软件信息互用方式是采用 XML（eXtensible Markup Language，可扩展标记语言）交换格式。XML 是 HTML（超文本链接语言）的互联网基本语言的扩展，是开始互联网网页的基本语言，它支持多种模式框架。不同的 XML 模式框架支持多种类型的数据在不同的应用程序之间交换，对不同程序之间进行少量业务数据交互来说，采用 XML 是个不错的选择。基于模式框架可模式语言层面，数据交换可以归纳为以下三种主要方式：①直接交互方式：通过一个系统所提供的应用程序接口（API）来读取或者是写入数据的信息交互方式；②通过对同一个临时文件写入来实现不同应用程序的交互；③依靠程序之间的实时数据交互调用。一些应用程序提供了专用的接口，比如ArchiCAD的GDL语言、Revit开放应用程序接口或者Bentley的MDL语言。

三、产品数据模型

（一）数据模型

模型是对现实世界的抽象。在数据库技术中，表示实体类型及实体类型间联系的模型称为“数据模型”。在软件工程中，数据模型是定义数据如何输入和输出的一种模型，它的主要作用是为信息系统提供数据的定义和格式。

数据模型的三要素：

1. 数据结构

它是所研究的对象类型的集合。这些对象是数据库的组成部分，数据结构指对象和对象间联系的表达和实现，是系统静态特征的描述，包括两个方面：a. 数据本身。类型、内容、性质。例如，关系模型中的域、属性、关系等。b. 数据之间的联系。数据之间是如何相互联系的，例如，关系模型中的主码、外码等联系。

2. 数据操作

对数据库中对象的实例允许执行的操作集合，主要指检索和更新（插入、删除、修改）两类操作。数据模型必须定义这些操作的确切含义、操作符号、操作规则（如优先级）以及实现操作的语言。数据操作是对系统动态特征的描述。

3. 完整性约束条件

它是一组完整性规则的集合，规定数据库状态及状态变化所应满足的条件，以保证数据的正确性、有效性和相容性。

（二）数据模型与信息模型的区别

数据模型是用来表达系统中数据的逻辑结构，其功能仅面向计算机系统和数据的存储。随着信息系统复杂程度的增加，系统人员希望了解数据的含义，并将它封装在数据库模型中，由此产生了语义数据模型。但语义数据模型仍具有高度的结构化，缺乏灵活性，难以表达真实世界的复杂程度。为了解决该问题，产生了可以为用户所理解的信息模型。

信息模型和数据模型既有区别，又有联系。二者表达了系统中同样的数据，只是表达方式和目的不同。前者的表达是非结构化的，具有灵活性，目的是让用户更好地理解系统；后者的表达是结构化的，缺乏灵活性，目的是方便计算机处理。

信息模型是最高层次的逻辑数据模型，为了实现各应用系统之间的信息共享，最好有共同的信息模型。建立在不同信息模型基础上的信息共享是非常困难，甚至是不可能的。例如，面向几何的 CAD 系统和面向特征的 CAD 系统之间实现信息交换是困难的。

（三）ISO-STEP 标准

随着 BIM 的引入，在设计、制造、施工和建设中，AEC 应用程序的数量及应用范围正迅速扩大。对协同交互性的需求只增不减。20 世纪 80 年代中期以前，设计和工程管理领域里的数据交换几乎都是通过固定的图形文件格式来完成的。DXF 和 IGES 就是比较典型的例子。这两种格式都可以为二维和三维几何结构提供有效的图形格式转换。然而，当时管道、机械、电器和其他系统的对象模型正在建立。如果数据交换需要处理复杂对象模型的几何图形、属性及关系，那么固定的文件交换格式将会迅速变得非常大、非常复杂，很难进行描述。这些问题几乎同时出现在了欧洲和美国。为了解决这些问题，瑞士日内瓦的国际标准化组织（ISO）专门成立了一个技术委员会 TC184，其附属委员会制定了一个编号为 ISO-10303 的标准——STEP（产品模型数据交换标准），它们研究出了一种新的方法和成套技术来解决高级数据交换问题。

ISO-STEP 标准中的一个重要成果就是 EXPRESS 语言。该语言是由 Douglas Schenck 提出，并由 Peter Wilson 改进。EXPRESS 语言现已成为中央机制，支持各行业的产品模型：机械和电气系统、工艺装置、造船、工艺方案、家具、有限元模型，以及建筑和桥梁等。它还包括大量的关于特性、尺寸、分类、度量以及其他作为产品数据模型共同基础的函数库，同时支持公制和英制。作为一种机器可读语言，EXPRESS 很容易在计算机上实现，但是并不利于人工操作。于是，便产生了一种可视化的 EXPRESS 语言——EXPRESS-G，并得到广泛的应用。所有的 ISO-STEP 信息都不受权限的限制。

围绕着 STEP 标准，为达成一致共同表达的目的，众多不同的公司基于 EXPRESS 提供了用于实施和测试软件的工具包。工具包支持文本文件和 XML 文件的读写，并包含有模型视图、导航，以及其他实现工具。少数几个 BIM 应用程序使用 IFC 作为本地数据模型，即可以直接对于 IFC 数据进行操作（读和写）。

1.STEP 体系结构

STEP（Stand for the Exchange of Product Model Data，产品模型数据的表达和交换标准）是国际标准化组织制定的一个产品数据表达与交换标准，也称为产品模型数据交换标准。在认识到 IGES 不足之后，美国决定放弃 IGES 而开发新的 PDES（Product Data Exchange Specification）标准，即 STEP。其首要目的是能够描述各种行业的产品生命周期中各阶段的数据，支持分布式计算机应用系统对产品数据的共享。

STEP 标准采用分层方法描述数据，它主要包括形式化数据描述语言 EXPRESS。实施方法是实现 STEP 标准描述的信息结构的方法。每个实施方法确定了 STEP 数据结构如何映射到实施过程，包括文件交换结构、标准的数据访问接口和语言绑定。一致性测试方法用于描述如何检验数据和应用是否符合标准。

数据描述是 STEP 标准体系结构的基本构成部分。它主要包括三部分：应用协议、应用解释构件和集成资源。应用协议是可以实施的数据描述，它与实施方法相对应。由于 STEP 是一个庞大的标准体系，研究人员和相关组织致力于开发各种特定领域的应用协议。应用解释构件描述产品数据的结构和语义，以便在多个应用协议之间交换数据。它通过通用的产品数据描述方法，支持多应用协议对产品数据源的互换。集成资源构成一个完整的产品数据的概念模型，包括各种语义元素来描述产品生命周期各阶段数据。

2.EXPRESS 语言构造

STEP 主要采用 EXPRESS 描述产品数据。它是一个形式化数据描述语言，其设计目标要求这类形式化的描述不仅能被人们理解和能用计算机处理，而且能够全面描述出客观现实产品的形式和结构。EXPRESS 吸收了多种语言的基本特点，具有类型、表达式、语句、函数、过程等功能，又采用了面向对象技术中的继承机制等技术。但是，EXPRESS 不是一种编程语言，只作为一种形式化描述语言来描述数据，不存在输入输出、数据处理、异常处理等语言元素。

EXPRESS 语言通过一系列的说明来建立产品数据模型。这些说明包括类型（TYPE）、实体（ENTITY）、模式（SCHEMA）、常数（CONSTANT）、规则（RULE）、函数（FUNCTION）和过程（PROCEDURE）等。其中实体是 EXPRESS 语言对建模对象的基本定义。一个建模对象的信息在实体中用属性及其属性上的约束来表达。

3. 产品模型数据交换的实现

目前，STEP 标准为用户提供数据交换的实施分为四个级别：文件交换、工作格式交换、数据库交换、知识库交换。产品数据交换的方法与产品模型是相适应的，各产品模型对应的产品数据交换方法可归纳为三种：直接交换、间接交换和数据库方式。

在交换的两个系统间或功能模块间，通过确定相互间的数据结构和建立一对一的信息转换机制，直接进行数据交换称为直接交换。采用直接交换方式的除了基于几何的模型不同系统之间的专用接口外，特征识别也是直接交换。特征识别技术直接将设计模型识别或转换成应用模型，因此可归为直接交换。

基于 STEP 的文件交换属于应用数据交换标准的间接交换。通过统一的产品模型和公共数据库实现信息交换的方式称为基于公共数据库的信息交换。基于公共数据库的信息交换有两类。一类是目前的基于几何的产品模型的多功能集成系统，系统多功能模块之间在公共数据库支持下共享统一的产品模型。它们以基于统一的产品模型的数据库为核心，将产品开发所需的设计、分析、测试和加工等集于一体。信息在多功能模块之间快速、双向、连续流动，实现充分的信息共享以支持产品的全生命周期活动。另一类就是基于集成产品模型 STEP 的公共数据库的信息共享。

四、IFC-BIM标准

（一）buildingSMART 组织

buildingSMART 组织的前身是国际数据互用联盟（IAI-International Alliance of Interoperability），成立于 1994 年。自成立以来，buildingSMART 联合多家建筑、工程、产品、软件等领域的全世界知名企业和单位，在北美、欧洲、亚洲的许多国家及澳大利亚均已设立分部。2013 年 9 月，中国建筑标准设计研究院正式成立 buildingSMART 中国分部。其中，buildingSMART 北美分部即 buildingSMART 联盟，是美国第一部 BIM 标准（NBIMS）的主要制定者。buildingSMART 国际组织对全球 BIM 技术研发的主要贡献包括以下方面：

1.IFC 标准

自从 BIM 技术在建筑行业的优势开始受到广泛认同以来，许多软件厂商开始相继研发基于 BIM 技术的设计软件和协作平台。不同文件格式之间的沟通转换需要统一的数据接口。IFC 标准为这种数据接口的开发提供技术依据和准则，为设计文件在众多不同软件和平台之间传输和读取提供便利。

2.OpenBIM

这是基于开放的标准和透明的工作流程的一种工作模式，旨在促进设计环节各专业各部门间的协同合作。

3.buildingSMART

此外，buildingSMART 还积极举行各种国际交流活动，以拉近商业软件公司与工程实践用户之间的距离，提高 BIM 技术研发创新的效率。

（二）IFC 的含义、层次

1. 含义

IFC 是 Industry Foundation Classes（工业基础类）的缩写，IFC 标准是开放的建筑产品数据表达与交换的国际标准，支持建筑物全生命周期的数据交换与共享。在横向上支持各应用系统之间的数据交换，在纵向上解决建筑物全生命周期的数据管理。1997 年 IAI 推出了 IFC1.0 版，此后 IFC 经过 20 年的完善和发展，截至 2016 年 7 月已推出 IFC4 Add2 标准。

IFC数据模型提供了建筑全生命周期中对象和过程等的一系列定义。它不仅仅定义了建筑构件的几何信息，也定义了建筑构件的非几何属性，以及构件之间的联系。IFC的目的是能够描述建筑物整个生命周期中所涉及的数据结构，从初始设计、详图设计、施工图设计、施工、运维管理阶段，以及建筑达到使用寿命之后的拆除阶段所需要的所有相关的数据格式。

2.IFC层次

IFC Schema（IFC大纲）是IFC标准的主要内容，提供了建筑工程实施过程所处理的各种信息描述和定义的规范，这里的信息既可以描述一个真实的物体，如建筑物的构件，也可以表示一个抽象的概念，如空间、组织、关系和过程等。IFC Schema（由下至上）整体由资源层、核心层、共享层和领域层4个层次构建，如图5-2所示。

（1）资源层（Resource layer）

资源层包含了一些独立于具体建筑的通用信息的实体（entities），如材料、计量单位、尺寸、时间、价格等信息。这些实体可与其上层（核心层、共享层和领域层）的实体连接，用于定义上层实体的特性。

（2）核心层（Core Layer）

提炼定义了一些适用于整个建筑行业的抽象概念，actor、group、process、product、control、relationship，等等。比如说，一个建筑项目的空间、场地、建筑物、建筑构件等都被定义为Product实体的子实体，而建筑项目的作业任务、工期、工序等则被定义为Process和Control的子实体。

（3）共享层（Interoperability layer）

分类定义了一些适用于建筑项目各领域（如建筑设计、施工管理、设备管理等）的通用概念，以实现不同领域间的信息交换。例如，在Shared Building Elements schema中定义了梁、柱、门、墙等构成一个建筑结构的主要构件，而在Shared Services Element schema中定义了采暖、通风、空调、机电、管道、防火等领域的通用概念。

（4）领域层（Domain Layer）

分别定义了一个建筑项目不同领域（如建筑、结构、暖通、设备管理等）特有的概念和信息实体。例如，施工管理领域中的工人、施工设备、承包商等，结构工程领域中的桩、基础、支座等，暖通工程领域中的锅炉、冷却器等。

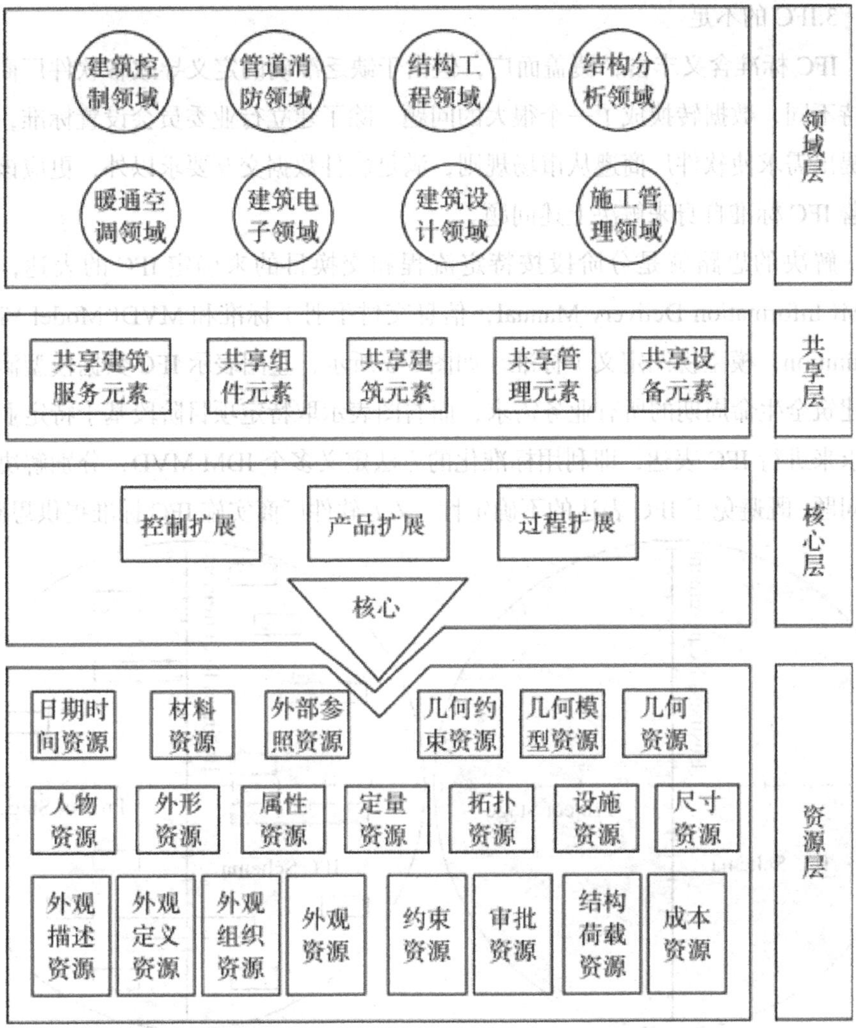

图 5-2 IFC 层次

IFC 对建筑业将带来深刻的影响，可以打破软件数据不兼容的难题。当需要多个不同软件来完成任务时，由于每种软件都有自身的图形内核、数据格式，这给数据的交换和共享带来障碍。IFC 作为数据交付的中介和中转站完成数据的无障碍流通和链接，从而实现最大化的数据的共享，避免重复劳动，减少设计成本。IFC 顺畅的数据流通，会打破软件之间的障碍，对现有的软件市场产生冲击，打破某些常规软件的垄断地位。各大 BIM 软件商如 Autodesk、Bentley、Graphisoft、Tekla 等均宣布了各自旗下软件产品对 IFC 标准的支持，但实现真正基于 IFC 标准的数据共享和交换还有很长一段路要走。

3.IFC 的不足

IFC 标准含义丰富，覆盖面广，但由于缺乏准确的定义导致各软件厂商的支持不同，数据转换成了一个很大的问题。除了建立行业委员会设置标准，用户提出需求使软件厂商遵从市场规则，满足软件数据交互要求以外，更应该从完善 IFC 标准自身来解决上述问题。

解决的思路就是分阶段按特定流程和交换目的来确定 IFC 的表达，即 IDM（Information Delivery Manual，信息交付手册）标准和 MVD（Model View Definition，模型视图定义）标准。如图 5-3 所示，左图表示 IFC 数据模型涵盖了建筑全生命周期的所有业务需求，而右图表示取特定项目阶段基于特定业务需求来进行 IFC 表达，即利用标准化的方法定义多个 IDM/MVD，分别解决特定问题，既避免了 IFC 表达的不确定性，又为软件厂商实施 IFC 标准提供思路。

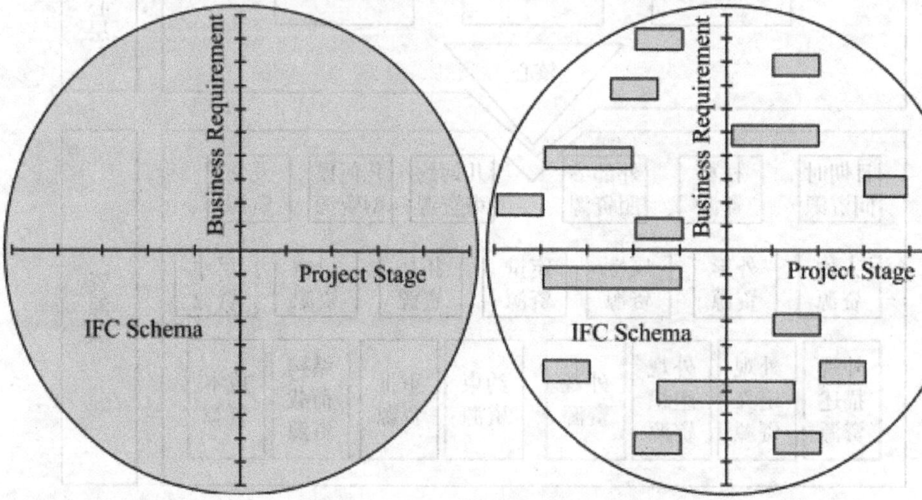

图 5-3　IFC 标准与 IDM/MVD 标准

（三）IDM 标准

由上面的描述我们知道，IFC 可以（更准确地说 IFC 的目标是）满足工程建设行业所有项目、所有项目参与方、所有软件产品的信息交换，是整个工程建设行业进行所有设施设计、施工、运营所需要的信息总成，而真正的信息交换是针对某个具体项目中的某一个或几个工作流程、某一个或几个项目参与方、某一个或几个应用软件之间来进行的，既不需要也不可能每一个信息交换都把整个 IFC 所有的内容都搬出来。那么每一个这样的信息交换究竟需要哪些

IFC 里面的内容呢？这就是 IDM 要完成的事情。

举个例子，IFC 相当于一个能满足整个医药行业什么药都有的药铺，IDM 就是针对某个病人或者某种疾病去药铺里面取药的方子。工程建设行业各个领域的专家通过对所有不同类型的工程项目、参与方、项目阶段需要完成的工作及其需要的信息的分析研究和集体努力，开发出了能包治百病的 IFC（IFC 本身也是不断发展变化的）；从事某一个具体项目、某个具体工作的参与方使用 IDM 定义其工作所需要的信息交换内容，然后利用 IFC 标准格式实施。

一个完整的 IDM 主要由五部分组成：流程图、交换需求、功能部件、商业规则和有效性测试。流程图与交换需求是 IDM 的核心。对于指定工作业务，流程图定义了人员角色和信息交换节点。交换需求描述了流程图中的各个具体交换信息细节，为 BIM 用户之间进行信息交互做出详尽的文字叙述。

IDM 标准是否能真正应用到 BIM 软件，将最终由 MVD 能否成功实施来控制。MVD 是建筑产品模型格式（通常为 IFC）的子集，它提供一套完整的信息概念描述，用于 AEC 工作流中的特殊信息交换。也就是说，针对特定 BIM 软件之间的特定目的的信息交换，利用 IFC 标准表达 IDM 标准，再辅以程序支持，最终实现有效且有用的 BIM 软件数据传递。

（四）MVD 标准

由于 AEC 领域已经成熟，人们开始意识到协同交互性已经从两个 BIM 应用程序之间的数据交换转移到支持工作流程所定义的应用案例。协同交互性的好处不仅可以自动交换（尽管在另一个应用程序中复制数据肯定是多余的活动），其还能完善工作流程、消除步骤、改进工艺。因此，协同交互性更好的名称适合叫作“管理精益工作流程”。

IFC 可以满足设计师、承包商、建筑产品供应商、制造商、政府部门以及其他单位的不同需求，虽丰富却也冗余。几何、属性和关系的种类很多，可以确定特定的交流或任务所需要的信息。因此 IFC 是高度冗余的。任务和工作流信息需求被认为是成功交换的关键。“IFC 输出”和“IFC 输入”的用户界面按键是完全不够的。所需要的是基于 IFC 架构子集的任务相关的交换，如“建筑师的初步结构分析输出”或者“幕墙制作者详细输出给结构经理以实现建造级别的协调”。这种交换称为模型视图，源自数据库视图的概念。这一个特殊层是确定支持的交换，然后指定交换所需信息的IFC模型视图。

模型视图是在IFC架构之上的又一个规范等级。美国国家建筑科学研究所（NIBS）和美国智能建筑机构已实现这一规范附加层。美国建筑信息建模标准第一版第一部分于2007年12月发布，它给出了一个开发模型视图的步骤，具体可以参照相关资料查询。MVD旨在从用户的需求和软件厂商的实施中寻找有效的平衡点，通过提供精确、可重复利用的视图定义，实现IDM标准中所要求的交换需求，最终的目的是将IDM中的交换需求转化成计算机可以识别的IFC模型文件，在不同BIM软件中得以验证实施。

（五）IFC、IDM和MVD三者之间的关系

图5-4展示了创建能成功应用于AEC/FM项目的基于IFC的协同解决方案所要经历的各个阶段。从下往上看，底层的IFC Model Specification(IFC模型说明书）指IFC标准格式及其文档，IFC Model View Definitions(IFC模型视图定义）定义了IFC Model Specification如何在不同软件间进行数据交换，IFC Implementations(IFC实施）指软件输入输出IFC文件的能力，Exchange Requirements(交换需求）定义了特定商业流程中的信息交换内容，最上层的ProcessMap(流程图）描述了终端用户工作流程及其目标、所处项目阶段。

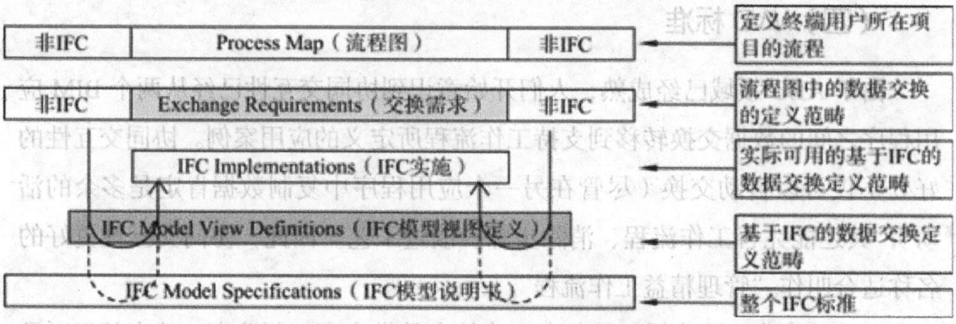

图5-4 IFC/IDM/MVD三者关系图

五、P-BIM标准

（一）P-BIM由来

P-BIM标准是基于中国BIM发展联盟（China BIMUnion）创新“P-BIM”理念，与国家标准《建筑信息模型应用统一标准》一起，共同构成符合我国工程实际的BIM应用标准体系。P-BIM理念强调通过相应软件的升级改造支撑

信息交互的标准制定，同时通过实验室来检验标准和软件的可用性，继而通过真实工程项目进一步完善标准和 P-BIM 软件，最终实现有效的、落地的数据交互。对比 buildingSMART 的 IFC 成功的三点关键描述：具备清晰的实践流程；一个共享的实践环境；软件企业的支持，P-BIM 体系全部具备。P-BIM 标准主要解决了信息系统集成的整体方案。该矩阵表述了每个软件和其他软件间的信息获取（输出）关系，并通过分项标准的形式予以固化。每本分项标准，至少有一个或若干个软件进行支持。整个体系实现了去中心化的数据交换，完成了产学研单位共同维护，实现了单独 BIM 企业内部的数据安全要求，最终通过无数据管理平台模式进行点对点的数据交互。该项目已在中国 BIM 发展联盟深圳大学建筑互联网与 BIM 实验研究中心中完成展示工作。

P-BIM 标准认为，建筑信息模型可由两部分组成，一部分是工程技术及管理人员完成自己任务工作创建的子任务模型（Sub-Task Model），这是实施 BIM 的动力，是由专业人员和管理人员使用专业或管理软件完成的，需要落地；另一部分是完成任务需要与他人交互的子模型（Sub-Exchange Model），这是 BIM 的核心，交换必须要通过互联网完成，才能做到信息只需输入电子系统一次，参与各方瞬间就能按需提取，从而达到 BIM 技术的最高成熟度。

（二）P-BIM 标准的内容

P-BIM 系列标准是针对项目全过程不同岗位使用软件所需信息而制定的详细规范，规定了各岗位使用软件应该具备的功能，以及在项目全过程中需要提供信息的内容、格式和时限。所有 P-BIM 标准的集合包含了类似于 IDMS、MVDS 及 COBie 的内容。P-BIM 标准类似于 IDM，是基于模型的信息交换，它的目标在于使针对全生命周期某一特定阶段的信息需求标准化，并将需求提供给软件商。P-BIM 标准的制定，将使基于子 BIM 的 PBIM 工作方式真正得到落实，并使交互性真正能够实现并创造价值。

P-BIM 标准技术内容分为七章，分别是总则、术语、基本规定、数据导入、专业检查、成果交付、数据交付。主要章节技术内容介绍如下：

①数据导入。本章规定了本专业软件对从前一阶段或前置任务相关专业读入模型数据的要求，包括数据内容、格式、详细程度、信息描述等。

②专业检查。本章规定了本专业软件对导入数据进行正确性和完整性核对

和确认要求，包括计算项目检查、本专业与相关专业的模型碰撞检查等。

③成果交付。本章规定了本专业软件交付给后一阶段或后置任务相关专业的交付成果要求，包括设计说明书、设计图纸计算书和工程概预算书等相关文件及格式要求。

④数据交付。本章规定了本专业软件交付给后一阶段或后置任务相关专业的交付数据要求，与“成果交付”内容对应，包括数据内容、格式、详细程度、信息描述等。

六、其他BIM标准成果

需要指出的是，IFC 仅仅是建筑行业规范与标准的一小部分。虽然 IFC 给出了描述几何数据、相互关系和属性的数据结构，但是如何命名及使用属性，如何让中国人及其他不使用罗马字母的人与那些使用罗马字母的人共同工作，这些方面 IFC 并没有涉及。协同交互性是一个更广泛的课题，它超出了 IFC 和其他既存的 XML 规范涵盖的范围。既然建筑行业已经发展到今天对建筑材料进行分类和验证，那对于其他建筑信息同样也应该能够做到这点。在这里，我们对其他与 BIM 相关的标准成果做一个简单的介绍。

（一）IFD-International Framework for Dictionaries

欧洲共同体之前就意识到属性和类对象的命名会是一个问题。例如，“门”在法语里是“Porte”，在德语里是“Tar”，在英语中是“Dor”。门的属性在不同的语言中名字也不相同。IFC 中定义的各类对象的名字和属性，在不同语言、语境下其语义都需要被正确地解释。目前，IFC 对公制和英制计量单位的处理还很好。此外，我们可能会遇到不同的标准，如 CS/2 和 IFC 有相同的对象和属性，但是即使在同一个语言环境下，它们之间对等的对象和属性也不会被相同对待。IFD 组织的成立就是为了解决这个问题，主要的目的就是在不同的语言、标准上建立语义映射关系，从而推动建筑信息模型和其接口被广泛地应用。IFD 另一个重要的工作是开发建筑产品的规范标准，特别是数据规范，这样它们就可以在不同的应用程序中被使用，像能耗分析应用、碳排放计算和成本估计等。美国施工规范协会（CSI）、加拿大施工规范协会、挪威智能建筑社团，还有荷兰 STABU 基金会正在致力于 IFD 的制定。

（二）Omniclass

为了在BIM中使用现有的建筑信息相关的分类体系，检查和修改这些分类体系也是工作的一个方面。在美国，Masterformate和Uniformal正在建立用于规范及成本估计的要素和组装分类框架，它们都是大纲文件结构的组织方式，可以让使用者很快从项目图纸中聚集信息，但是它们在建筑信息模型内对单个构件做映射时效果不好。有鉴于此，欧洲和美国合作来推动一套叫Omniclass的新的大纲式分类表体系。Omniclass由国际标准化组织（ISO）、国际建筑信息委员会下属委员会ICIS和工作组建立，它们从20世纪90年代初开始，一直合作到现在。

（三）COBie

施工运营建筑信息交换（COBie）解决施工队和业主之间的信息传递。它不但处理运营及维护方面的信息，而且更多的是处理设备物业管理信息。传统意义上说，运营和维护（O&M）信息是在建造结束时通过一种特殊组织方式提供给业主。COBie为设计及建造的整个过程所需要搜集的信息描述了一个标准方法，在试运行和移交过程中作为交付包的一部分一起被递交。它搜集设计师们设计过程中的数据，然后用于指导施工方进行施工。它从实用性及易操作的角度进行信息的分类和构造。它现在的版本是COBie 2。它的可读性强，而且计算机也能很方便地处理这种格式。这种可读性强的COBie信息常采用电子表格形式，也已经在设施管理数据中被实施，采用智能建筑的IFC开放式标准（或者是它的IFCXMI等价格式）。IFC-Express和ifcXML与COBie 2电子表格之间的相互转换免费提供，无须任何技术支持。

在建筑项目结束进行交接时，Cobie可解决标准化提交，并且使它们以一个结构化的形式存储，便于使用计算机进行管理。Cobie被开发用来支持计算机维护管理系统（CMMS）的原始数据来源。它已被美国弗吉尼亚州医院、美国陆军工兵部队、美国航空航天局、挪威和芬兰政府以及几所大学的系统采纳为必须交付的成果。

（四）基于XML的模式

可扩展标记语言（XML）提供可选择的模式语言和传输机制，特别适合

Web 使用。AEC 领域的 XML 模式主要包括：

1.OpenGIS®

由 OGC（开放地理空间联盟）开发的地理对象（GO）的实施规范。它在一个应用程序的编程环境中将描述、管理、渲染，以及操作图形和地理对象定义为一个共享的、独立于语言的抽象开放集合。

2.gbXML（绿色建筑 XML）

该模式被用来传输建筑的围护结构、分区和机械设备初步能耗析的数据（ghxml n.d.）的模式。一个接口可以处理多个平台。

3.ifcXML

它是 IFC 模式映像到 XML 的一个子集，由 IAI 支持。它也依赖于 XML 架构 XSD，来源于 IFCEXPRESS 发布的映射模式。该语言约定了转换的方法，例如，转换 IFC-EXPRESS 模型到 ifcXML 的 XSD 模式就需要遵循国际标准 ISO10303-28ed2，即“EXPRES 模式和数据的 XML 表达方式”。

4.aecXML

由 FIATECH 和 IAI 管理。FIATECH 是一个主要的支持 AEC 研究建设施工行业协会。它初步形成了一个集成框架，试图以统一架构协调 iXML 和 aecxmi，可以支持多个子模式。aecXML 的创建用于表示资源，如合同和项目文件（投标申请书、报价邀请函、信息请求、规格、附录变更单、合同、采购订单）、属性、材料、零件、产品、设备；组织、专业人士、参与者的元数据；或建议、项目、设计评估、调度和建设等活动。它携带了建筑物及其部件的规格和描述，但并不包含几何或分析模型数据。Bentley 是该模式的早期实施者。

此外，还有 agcXML、BIM 协作格式（BCF）、CityXML 等不同模式，有关情况可以参考有关资料。

第六章　BIM 在土木工程各阶段的应用

第一节　BIM 技术在设计阶段的应用

一、BIM技术在方案设计阶段的应用

方案设计主要是指从建筑项目的需求出发，根据建筑项目的设计条件，研究分析满足建筑功能和性能的总体方案，提出空间架构设想、创意表达形式及结构方式的初步解决方法等，为项目设计后续若干阶段的工作提供依据及指导性的文件，并对建筑的总体方案进行初步的评价、优化和确定。

BIM 技术在方案设计阶段的应用主要是利用 BIM 技术对项目的可行性进行验证，对下一步深化工作进行推导和方案细化。利用软件对建筑项目所处的场地环境进行必要的分析，如坡度、方向、高程、纵横断面、填挖方、等高线、流域等，作为方案设计的依据。进一步利用 BIM 软件建立建筑模型，输入场地环境相应的信息，进而对建筑物的物理环境（如气候、风速、地表热辐射、采光、通风等）、出入口、人车流动、结构、节能排放等方面进行模拟分析，选择最优的工程设计方案。

方案设计阶段 BIM 应用主要包括利用 BIM 技术进行概念设计、场地规划和方案比选。

（一）概念设计

概念设计是利用设计概念并以其为主线贯穿全部设计过程的设计方法。它是完整而全面的设计过程，通过设计概念将设计者繁复的感性和瞬间思维上升到统一的理性思维，从而完成整个设计。概念设计阶段是整个设计阶段的开始，设计成果是否合理、是否满足业主要求，对整个项目后续阶段的实施具有关键性作用。

基于BIM技术的高度可视化、协同性和参数化的特性，建筑师在概念设计阶段可实现在设计思路上快速、精确表达的同时，实现与各领域工程师无障碍的信息交流与传递，从而实现设计初期的质量、信息管理的可视化和协同化。在业主要求或设计思路改变时，基于参数化操作可快速实现设计成果的更改，从而大大加快方案阶段的设计进度。

BIM技术在概念设计中的应用主要体现在空间形式思考、饰面装饰及材料运用、室内装饰色彩选择等方面。

1. 空间设计

空间形式及研究的初步阶段在概念设计中称为区段划分，是设计概念运用中首要考虑的部分。

（1）空间造型

空间造型设计即对建筑进行空间流线的概念化设计。例如，某设计以创造海洋或海底世界的感觉为概念，则其空间流线应多采用曲线、弧线、波浪线的形式。当对形体结构复杂的建筑进行空间造型设计时，利用BIM技术的参数化设计可实现空间形体的基于变量的形体生成和调整，从而避免传统概念设计中的工作重复、设计表达不直观等问题。

（2）空间功能

空间功能设计即对各个空间组成部分的功能合理性进行分析设计。传统方式中可采用列表分析、图例比较的方法对空间进行分析，思考各空间的相互关系、人流量的大小、空间地位的主次、私密性的比较、相对空间的动静研究等。基于BIM技术可对建筑空间外部和内部进行仿真模拟，在符合建筑设计功能性规范要求的基础上，高度可视化模型可帮助建筑设计师更好地分析其空间功能是否合理，从而实现进一步改进、完善。这样有利于在平面布置上更有效、更合理地运用现有空间，使空间的实用性得到充分发挥。

2. 饰面装饰初步设计

饰面装饰设计来源于对设计概念以及概念发散所产生的形的分解，对材料的选择是影响设计概念表达的重要因素。选择具有人性化的带有民族风格的天然材料，还是选择高科技的、现代感强烈的饰材，都是由不同的设计概念决定的。基于BIM技术可对模型进行外部材质选择和渲染，甚至还可对建筑周边环境景观进行模拟，从而能够帮助建筑师高度仿真地置身于整体模型中对饰面装修设计方案进行体验和修改。

3. 室内装饰初步设计

色彩的选择往往决定了整个室内气氛，同时也是表达设计概念的重要组成部分。在室内设计中，设计概念既是设计思维的演变过程，也是设计得出所能表达概念的结果。基于 BIM 技术，可对建筑模型进行高度仿真性内部渲染，包括室内材质、颜色、质感甚至家具、设备的选择和布置，从而有利于建筑设计师更好地选择和优化室内装饰初步方案。

（二）场地规划

场地规划是指为了达到某种需求，人们对土地进行长时间的刻意的人工改造与利用。这其实是对所有和谐的适应关系的一种图示，即分区与建筑、分区与分区。所有这些土地利用都与场地地形相适应。

BIM 技术在场地规划中的应用主要包括场地分析和总体规划。

1. 场地分析

场地分析是对建筑物的定位、建筑物的空间方位及外观、建筑物和周边环境的关系、建筑物将来的车流、物流、人流等各方面因素进行集成数据分析的综合。场地设计需要解决的问题主要有建筑及周边的竖向设计确定、主出入口和次出入口的位置选择、考虑景观和市政需要配合的各种条件。在方案策划阶段，景观规划、环境现状、施工配套及建成后交通流量等方面，与场地的地貌、植被、气候条件等因素关系较大。传统的场地分析存在定量分析不足、主观因素过重、无法处理大量数据信息等弊端。通过 BIM 结合 GIS 进行场地分析模拟，得出较好的分析数据，能够为设计单位后期设计提供理想的场地规划、交通流线组织关系、建筑布局等关键决策。

2. 总体规划

通过 BIM 建立模型能够更好地对项目做出总体规划，并得出大量的直观数据作为方案决策的支撑。例如，在可行性研究阶段，管理者需要确定建设项目方案在满足类型、质量、功能等要求下是否具有技术与经济可行性，而 BIM 能够帮助提高技术与经济可行性论证结果的准确性和可靠性。通过对项目与周边环境的关系、朝向可视度、形体、色彩、经济指标等进行分析对比，化解功能与投资之间的矛盾，可以使策划方案更加合理，为下一步的方案与设计提供直观的、带有数据支撑的依据。

（三）方案比选

方案设计阶段应用BIM技术进行设计方案比选的主要目的是选出最佳的设计方案，为初步设计阶段提供对应的设计方案模型。基于BIM技术的方案设计是利用BIM软件，通过制作或局部调整方式，形成多个备选的建筑设计方案模型，进行比选，使建筑项目方案的沟通、讨论、决策在可视化的三维场景下进行，实现项目设计方案决策的直观和高效。

BIM系列软件具有强大的建模、渲染和动画技术，通过BIM可以将专业、抽象的二维建筑描述通俗化、三维直观化，使得业主等非专业人员对项目功能性的判断更为明确、高效，决策更为准确。同时，基于BIM技术和虚拟现实技术对真实建筑及环境进行模拟，可展示高度仿真的效果图，设计者可以完全按照自己的构思去构建装饰“虚拟”的房间，并可以任意变换自己在房间中的位置去观察设计的效果，直到满意为止。这样，就使设计者各个设计意图能够更加直观、真实、详尽地展现出来，既能为建筑的投资方提供直观的感受，也能为后面的施工提供很好的依据。

二、BIM技术在初步设计阶段的应用

初步设计阶段是介于方案设计阶段和施工图设计阶段之间的过程，是对方案设计进行细化的阶段。在本阶段，需要推敲完善建筑模型并配合结构建模进行核查设计，应用BIM软件构建建筑模型，对平面、立面、剖面进行一致性检查，将修正后的模型进行剖切，生成平面、立面、剖面及节点大样图，形成初步设计阶段的建筑、结构模型和初步设计二维图。

初步设计阶段BIM应用主要包括结构分析、性能分析和工程算量。

（一）结构分析

最早使用计算机进行的结构分析包括三个步骤，分别是前处理、内力分析和后处理，其中前处理是通过人机交互式输入结构简图、荷载、材料参数及其他结构分析参数的过程，也是整个结构分析中的关键步骤，所以该过程也是比

较耗费设计时间的过程；内力分析过程是结构分析软件的自动执行过程，其性能取决于软件和硬件，内力分析过程的结果是结构构件在不同工况下的位移和内力值；后处理过程是将内力值与材料的抗力值进行对比产生安全提示，或者按照相应的设计规范计算出满足内力承载能力要求的钢筋配置数据，这个过程人工干预程度也较低，主要由软件自动执行。在BIM模型支持下，结构分析的前处理过程也实现了自动化。BIM软件可以自动将真实的构件关联关系简化成结构分析所需的力学简化关联关系，能依据构件的属性自动区分结构构件和非结构构件，并将非结构构件转化为加载于结构构件上的荷载，从而实现结构分析前处理的自动化。

基于BIM技术的结构分析主要体现在。以下方面：

（1）通过IFC或Structure Model Center数据计算模型。

（2）开展抗震、抗风、抗火等结构性能设计。

（3）结构计算结果存储在BIM模型或信息管理平台中，便于后续应用。

（二）性能分析

利用BIM技术，建筑师在设计过程中赋予所创建的虚拟建筑模型大量建筑信息（几何信息、材料性能、构件属性等）。只要将BIM模型导入相关性能分析软件，就可得到相应分析结果，使得原本CAD时代需要专业人士花费大量时间输入大量专业数据的过程，如今可轻松自动完成，大大缩短了工作周期，提高了设计质量，优化了为业主的服务。

性能分析主要包括以下几方面：

（1）能耗分析：对建筑能耗进行计算、评估，进而开展能耗性能优化。

（2）光照分析：建筑、小区日照性能分析，室内光源、采光、景观可视度分析。

（3）设备分析：管道、通风、负荷等机电设计中的计算分析模型输出，冷、热负荷计算分析，舒适度模拟，气流组织模拟。

（4）绿色评估：规划设计方案分析与优化，节能设计与数据分析，建筑遮阳与太阳能利用，建筑采光与照明分析，建筑室内自然通风分析，建筑室外绿化环境分析，建筑声环境分析，建筑小区雨水采集和利用。

（三）工程算量

工程量的计算是工程造价中最烦琐、最复杂的部分。利用BIM技术辅助工程计算，能大大加快工程量计算的速度。利用BIM技术建立起的三维模型可以尽可能全面地加入工程建设的所有信息。根据模型能够自动生成符合国家工程量清单计价规范标准的工程量清单及报表，快速统计和查询各专业工程量，对材料计划、使用做精细化控制，避免材料浪费。例如，利用BIM信息化特征可以准确提取整个项目中防火门数量的准确数字、防火门的不同样式、材料的安装日期、出厂型号、尺寸大小等，甚至可以统计防火门的把手等细节。

工程算量主要包括土石方工程、基础、混凝土构件、钢筋、墙体、门窗工程、装饰工程等内容的算量。

三、BIM技术在施工图设计阶段的应用

施工图设计是建筑项目设计的重要阶段，是项目设计和施工的桥梁。本阶段主要通过施工图纸，表达建筑项目的设计意图和设计结果，并作为项目现场施工制作的依据。

施工图设计阶段的BIM应用是各专业模型构建并进行优化设计的复杂过程。各专业信息模型包括建筑、结构、给水排水、暖通、电气等专业。在此基础上，根据专业设计、施工等知识框架体系，进行冲突检测、三维管线综合等基本应用，完成对施工图设计的多次优化。针对某些会影响净高要求的重点部位，进行具体分析，优化机电系统空间走向排布和净空高度。

施工图设计阶段BIM应用主要包括各协同设计与碰撞检查、结构分析、施工图出具、三维渲染图出具等。其中，结构分析是指在初步设计的基础上进行深化，故在此节不再重复。

（一）协同设计与碰撞检查

在传统的设计项目中，各专业设计人员分别负责其专业领域内的设计工作，设计项目一般通过专业协调会议，以及相互提交设计资料实现专业设计之间的协调。在许多工程项目中，专业之间因协调不足出现冲突是非常突出的问题。这种协调不足造成了在施工过程中冲突不断、变更不断的常见现象。

BIM 为工程设计的专业协调提供了两种途径，一种是在设计过程中通过有效的、适时的专业间协同工作避免产生大量的专业冲突问题，即协同设计；另一种是通过对 3D 模型的冲突进行检查，查找并修改，即冲突检查。至今，冲突检查已成为人们认识 BIM 价值的代名词。实践证明，BIM 的冲突检查已取得良好的效果。

1. 协同设计

传统意义上的协同设计很大程度上是指基于网络的一种设计沟通交流手段，以及设计流程的组织管理形式。包括：通过 CAD 文件，视频会议，通过建立网络资源库，借助网络管理软件等。

基于 BIM 技术的协同设计是指建立统一的设计标准，包括图层、颜色、线型、打印样式等，在此基础上，所有设计专业及人员在一个统一的平台上进行设计，从而减少现行各专业之间（以及专业内部）由于沟通不畅或沟通不及时导致的错、漏、碰、缺，真正实现所有图纸信息元的单一性，实现一处修改其他自动修改，提升设计效率和设计质量。协同设计工作以一种协作的方式，使成本得以降低，在更快地完成设计的同时，也对设计项目的规范化管理起到重要作用。

协同设计由流程、协作和管理三类模块构成。设计、校审和管理等不同人员利用该平台中的相关功能完成各自工作。

2. 碰撞检测

二维图纸不能用于空间表达，使得图纸中存在许多意想不到的碰撞盲区。并且，目前的设计方式多为“隔断式”设计，各专业分工作业，依赖人工协调项目内容和分段，这也导致设计往往存在专业间碰撞。同时，在机电设备和管道线路的安装方面还存在软碰撞的问题（实际设备、管线间不存在实际的碰撞，但在安装方面会造成安装人员、机具不能到达安装位置的问题）。

基于 BIM 技术可将多个不同专业的模型集成为一个模型，通过软件提供的空间冲突检查功能查找多个专业构件之间的空间冲突可疑点，软件可以在发现可疑点时向操作者报警，经人工确认该冲突。冲突检查一般从初步设计后期开始进行，随着设计的进展，反复进行“冲突检查—确认修改—更新模型”的 BIM 设计过程，直到所有冲突都被检查出来并修正，最后一次检查所发现的冲突数为零，则标志着设计已达到100%协调。一般情况下，由于不同专业是分别设计、分别建模的，所以，任何两个专业之间都可能产生冲突，因此，冲突检查的工作将覆盖任何两个专业之间的冲突关系，如建筑与结构专业，标高、剪力墙、柱等位置不一致，或梁与门冲突；结构与设备专业，设备管道与梁柱冲突；设备内部各专业，各专业与管线冲突；设备与室内装修，管线末端与室内吊顶冲突。冲突检查过程是需要计划与组织管理的过程，冲突检查人员也被称作“BIM 协调工程师”，他们将负责对检查结果进行记录、提交、跟踪提醒与覆盖确认。

（二）施工图生成

设计成果中最重要的表现形式就是施工图，施工图是含有大量技术标注的图纸，在建筑工程的施工方法仍然以人工操作为主的技术条件下，施工图有其不可替代的作用。CAD 的应用大幅提升了设计人员绘制施工图的效率，但是，传统的方式存在的不足也是非常明显的：在生成了施工图之后，如果工程的某个局部发生设计更新，则同时会影响与该局部相关的多张图纸，如一个柱子的断面尺寸发生变化，则含有该柱的结构平面布置图、柱配筋图、建筑平面图、建筑详图等都需要再次修改，这种问题在一定程度上影响了设计质量的提高。模型是完整描述建筑空间与构件的模型，图纸可以看作模型在某一视角的平行投影视图。基于模型自动生成图纸是一种理想的图纸产出方法，理论上，基于唯一的模型数据源，任何对工程设计的实质性修改都将反映在模型中，软件可以依据模型的修改信息自动更新所有与该修改相关的图纸，由模型到图纸的自动更新将为设计人员节省大量的图纸修改时间。施工图生成也是优秀建模软件多年来努力发展的主要功能之一，目前，软件的自动出图功能还在发展中，实际应用时还需人工干预，包括修正标注信息、整理图面等工作，其效率还不太令人满意，相信随着软件的发展和完善，该功能会逐步增强，工作效率会逐步提高。

第二节　BIM技术在施工阶段的应用

一、工程量计算及报价

传统的招投标中由于投标时间比较紧张，要求投标方高效、灵巧、精确地完成工程量计算，把更多时间用在投标报价技巧上。这些工作单靠手工是很难按时、保质、保量完成的。而且随着现代建筑造型趋向于复杂化，人工计算工程量的难度越来越大，快速、准确地形成工程量清单成为招投标阶段工作的难点和瓶颈。这些关键工作的完成也迫切需要信息化手段来支撑，以进一步提高效率，提升准确度。

投标方根据BIM模型快速获取正确的工程量信息，与招标文件的工程量清单比较，可以制定更好的投标策略。

二、预制加工管理

（一）构件加工详图

通过BIM模型对建筑构件的信息化表达，可在BIM模型上直接生成构件加工图，不仅能清楚地传达传统图纸的二维关系，而且对于复杂的空间剖面关系也可以清楚表达，还能够将离散的二维图纸信息集中到一个模型当中，这样的模型能够更加紧密地实现与预制工厂的协同和对接。

BIM模型可以完成构件加工、制作图纸的深化设计。例如，利用Tekla Structures等深化设计软件真实模拟结构深化设计，通过软件自带功能将所有加工详图（包括布置图、构件图、零件图等）利用三视图原理进行投影、剖面生成深化图纸，图纸上的所有尺寸，包括杆件长度、断面尺寸、杆件相交角度均是在杆件模型上直接投影产生的。

（二）构件生产指导

BIM建模是对建筑的真实反映，在生产加工过程中，BIM信息化技术可以直观地表达出配筋的空间关系和各种参数情况，能自动生成构件下料单、派工单、模具规格参数等生产表单，并且能通过可视化的直观表达帮助工人更好地理解设计意图，可以形成BIM生产模拟动画、流程图、说明图等辅助培训的材料，有助于提高工人的生产效率和质量。

（三）通过BIM实现预制构件的数字化制造

借助工厂化、机械化的生产方式，采用集中、大型的生产设备，将BIM信息数据输入设备，就可以实现机械的自动化生产，这种数字化建造的方式可以大大提高工作效率和生产质量。比如，现在已经实现了钢筋网片的商品化生产，符合设计要求的钢筋在工厂自动下料、自动成形、自动焊接（绑扎），可形成标准化的钢筋网片。

钢结构数字化加工是通过产品工序化管理，将以批次为单位的图纸和模型信息、材料信息、进度信息转化为以工序为单位的数字化加工信息，借助先进的数据采集手段，以钢结构BIM模型作为信息交流的平台，通过施工过程信息的实时添加和补充完善，进行可视化的展现，实现钢结构数字化加工。钢结构工程的基本产品单元是钢构件，钢构件的生产加工具有全过程的可追溯性，以及明确划分工序的流水作业特点。随着社会生产力的发展，钢结构制造厂通过新设备的引进、对已有设备的改造以及生产管理方式的变革等措施，具备了与各自生产力相适应的数字化加工条件和能力。在基于BIM技术的钢结构数字化加工过程中，从事生产制造的工程技术人员可以直接从BIM模型中获取数字化加工信息，同时将数字化加工的成果反馈到BIM模型中，提高数据处理的效率和质量。

（四）构件详细信息全过程查询

作为施工过程中的重要信息，检查和验收信息将被完整地保存在BIM模型中，相关单位可快捷地对任意构件进行信息查询和统计分析，在保证施工质量的同时，能使质量信息在运维期有据可依。

三、进度管理

工程建设项目的进度管理是指对工程项目各建设阶段的工作内容、工作程序、持续时间和逻辑关系制订计划，并将该计划付诸实施。在实施过程中经常检查实际进度是否按计划要求进行，对出现的偏差分析原因，采取补救措施或调整、修改原计划，直至工程竣工，交付使用。进度控制的最终目标是确保进度的实现。工程建设监理进行的进度控制是指为使项目按计划要求的时间使用而开展的有关监督管理活动。

在实际工程项目进度管理过程中，虽然有详细的进度计划及网络图、横道图等技术做支撑，但是“破网”事故仍时有发生，对整个项目的经济效益产生了直接影响。通过对事故进行调查，分析出主要原因有建筑设计缺陷带来的进度管理问题、施工进度计划编制不合理造成的进度管理问题、现场人员的素质低下造成的进度管理问题、参与方沟通和衔接不畅导致的进度管理问题和施工环境影响进度管理问题等。

（一）施工进度计划编制

施工项目中进度计划和资源供应计划繁多，除了土建外，还有幕墙、机电、装饰、消防、暖通等分项进度、资源供应计划。为正确地安排各项进度和资源的配置，尽最大可能减少各分项工程间的相互影响，工程采用BIM技术建立4D模型，并结合其模型进度计划编制成初步进度计划，最后将初步进度计划与三维模型结合形成4D模型的进度、资源配置计划。施工进度计划编制的内容主要包括：依据模型，确定方案，排定计划，划分流水段；BIM施工进度编制用季度卡来编制计划；将周和月结合在一起，假设后期需要任何时间段的计划，只需在这个计划中过滤一下就可自动生成。

（二）BIM施工进度4D模拟

当前建筑工程项目管理中经常用甘特图表示进度计划，由于专业性强、可视化程度低，无法清晰描述施工进度以及各种复杂关系，难以准确表达工程施工的动态变化过程。将BIM与施工进度计划相链接，将空间信息与时间信息整合在一个可视的4D（3D+Time）模型中，不仅可以直观、精确地反映整个建筑的施工过程，还能够实时追踪当前的进度状态，分析影响进度的因素，协调各专业，制定应对措施，以缩短工期、降低成本、提高质量。

目前常用的4D BIM施工管理系统或施工进度模拟软件很多。利用此类管理系统或软件进行施工进度模拟大致分为以下五步：

（1）将 BIM 模型进行材质赋予；

（2）制订 Project 计划；

（3）将 Project 文件与 BIM 模型链接；

（4）制定构件运动路径，并与时间链接；

（5）设置动画视点并输出施工模拟动画。

通过 4D 施工进度模拟，能够完成以下内容：基于 BIM 施工组织，对工程重点和难点的部位进行分析，制定切实可行的对策；依据模型，确定方案，排定计划，划分流水段；BIM 施工进度计划用季度卡来编制；将周和月结合在一起，假设后期需要任何时间段的计划，只需在这个计划中过滤一下即可自动生成；做到对现场的施工进度进行每日管理。

（三）BIM 施工安全与冲突分析系统

时变结构和支撑体系的安全分析通过模型数据转换机制，自动由 4D 施工信息模型生成结构分析模型，进行施工期时变结构与支撑体系任意时间点的力学分析计算和安全性能评估。

施工过程进度 / 资源 / 成本的冲突分析可通过动态模拟展现各施工段的实际进度与计划的对比关系，实现进度偏差和冲突分析、预警；可指定任意日期，自动计算所需人力、材料、机械、成本，进行资源对比分析和预警；可根据清单计价和实际进度计算实际费用，分析任意时间点的成本及其影响关系。

基于施工现场 4D 时空模型和碰撞检测算法，可对构件与管线、设施与结构进行动态碰撞检测和分析。

（四）BIM 建筑施工优化系统

建立进度管理软件 P3/P6 数据模型与离散事件优化模型的数据交换，基于施工优化信息模型，实现了基于 BIM 和离散模拟的施工进度、资源和场地优化及过程模拟。具体包括以下两点：

（1）基于 BIM 和离散事件模拟的施工优化通过对各项工序的模拟计算，得出工序工期、人力、机械、场地等资源的占用情况，对施工工期、资源配置以及场地布置进行优化，实现多个施工方案的比选。

（2）基于过程优化的 4D 施工过程模拟将 4D 施工管理与施工优化进行数据集成，实现了基于过程优化的 4D 施工可视化模拟。

（五）三维技术交底及安装指导

在大型复杂工程施工技术交底时，工人往往难以理解技术要求。针对技术方案无法细化、不直观、交底不清晰的问题，有以下解决方案：改变传统的思路与做法（通过纸介质表达），转由借助三维技术呈现技术方案，使施工重点、难点部位可视化，提前预见问题，确保工程质量，加快工程进度。三维技术交底即通过三维模型让工人直观地了解自己的工作范围及技术要求，主要方法有两种：一是虚拟施工和实际工程照片对比；二是将整个三维模型进行打印输出，用于指导现场的施工，方便现场的施工管理人员拿图纸进行施工指导和现场管理。

对钢结构而言，关键节点的安装质量至关重要。安装质量不合格，轻者将影响结构受力形式，重者将导致整个结构的破坏。三维 BIM 模型可以提供关键构件的空间关系及安装形式，方便技术交底与施工人员深入了解设计意图。

（六）云端管理

项目在 BIM 专项应用阶段，通过专业 BIM 软件公司的公有云或企业自己的私有云建立 BIM 信息共享平台，作为 BIM 团队数据管理、任务发布和图档信息管理的平台。项目采用私有云与公共云相结合的方式，各专业模型在云端集成，进行模型版本管理等，同时将施工过程来往的各类文件存储在云端，直接在云端进行流通，极大地提升了信息传输效率，加快了管理进度。

四、质量管理

《质量管理体系 基础和术语》（GB/T 19000—2016）中对质量的定义为：一组固有特征满足要求的程度。质量的主体不但包括产品，而且包括过程、活动的工作质量，还包括质量管理体系运行的效果。工程项目质量管理是指在力求实现工程项目总目标的过程中，为满足项目的质量要求所开展的有关管理监督活动。

在工程建设中，无论是勘察、设计、施工还是机电设备的安装，影响工程质量的因素主要有人、机、料、法、环五个方面，即人工、机械、材料、方法、环境。所以工程项目的质量管理主要是对这五个方面进行控制。

工程实践表明，大部分传统管理方法在理论上的作用很难在工程实际中得到发挥。受实际条件和操作工具的限制，这些方法的理论作用只能得到部分发挥，甚至得不到发挥，影响了工程项目质量管理的工作效率，造成了工程项目的质量目标最终不能完全实现。

工程施工过程中，施工人员专业技能不足、材料的使用不规范、不按设计或规范进行施工、不能准确预知完工后的质量效果、各个专业工种相互影响等问题对工程质量管理造成了一定的影响。

BIM 技术的引入不仅可提供一种“可视化”的管理模式，也能够充分发掘传统技术的潜在能量，使其更充分、更有效地为工程项目质量管理工作服务。传统的二维管控质量的方法是将各专业平面图叠加，结合局部剖面图，设计审核校对人员凭经验发现错误，难以全面控制。而三维参数化的质量控制，则是利用三维模型，通过计算机自动实时检测管线碰撞，精确性高。

基于 BIM 的工程项目质量管理包括产品质量管理及技术质量管理。

1. 产品质量管理

BIM 模型存储了大量的建筑构件、设备信息。通过软件平台，可快速查找所需的材料及构配件信息，包括材质、尺寸要求等，并可根据 BIM 设计模型，对现场施工作业产品进行追踪、记录、分析，掌握现场施工的不确定因素，避免不良后果的出现，监控施工质量。

2. 技术质量管理

通过 BIM 的软件平台动态模拟施工技术流程，再由施工人员按照仿真施工流程施工，确保施工技术信息的传递不会出现偏差，避免实际做法和计划做法不一致的情况出现，减少不可预见情况的发生，监控施工质量。

下面对 BIM 在工程项目质量管理中的关键应用点进行具体介绍。

（一）建模前期协同设计

在建模前期，需要建筑专业和结构专业的设计人员大致确定吊顶高度及结构梁高度；对于净高要求严格的区域，提前告知机电专业人员；各专业针对空间狭小、管线复杂的区域，协调出二维局部剖面图。建模前期协同设计的目的是：在建模前期就解决部分潜在的管线碰撞问题，预知潜在质量问题。

（二）碰撞检测

传统二维图纸设计中，在结构、水暖、电力等各专业设计图纸汇总后，由总工程师人工发现和协调问题，人为失误在所难免，施工中会出现很多冲突，造成建设投资的巨大浪费，还会影响施工进度。另外，由于各专业承包单位在实际施工过程中对其他专业或者工种、工序不了解，甚至是漠视，产生的冲突与碰撞也比比皆是。但施工过程中，这些碰撞的解决方案，往往受限于现场已完成部分的局限，大多只能牺牲某部分利益、效能，而被动地变更。研究表明，施工过程中相关各方有时需要付出非常大的代价来弥补由设备管线碰撞引起的拆装、返工和浪费。

目前，BIM 技术在三维碰撞检查中的应用已经比较成熟，依靠其特有的直观性及精确性，在设计建模阶段就可一目了然地发现各种冲突与碰撞。在水、暖、电建模阶段，利用 BIM 随时自动检测及解决管线设计初级碰撞，其效果相当于将校核部分工作提前进行，这样可大大提高成图质量。碰撞检测的实现主要依托于虚拟碰撞软件，其实质为 BIM 可视化技术，施工设计人员在建造之前就可以对项目进行碰撞检查，不但能够彻底消除硬碰撞、软碰撞，优化工程设计，减少在建筑施工阶段可能存在的错误损失和返工的可能性，而且能够优化净空和管线排布方案。最后施工人员可以利用碰撞优化后的三维方案，进行施工交底、施工模拟，提高施工质量，同时提高与业主沟通的能力。

碰撞检测分为专业间碰撞检测及管线综合的碰撞检测。专业间碰撞检测主要包括土建专业之间（如检查标高、剪力墙、柱等位置是否一致，梁与门是否冲突）、土建专业与机电专业之间（如检查设备管道与梁柱是否冲突）、机电各专业间（如检查管线末端与室内吊顶是否冲突）的软、硬碰撞点检查；管线综合的碰撞检测主要包括管道专业系统内部检查、暖通专业系统内部检查、电气专业系统内部检查，以及管道、暖通、电气、结构专业之间的碰撞检查等。另外，管线空间布局问题，如机房过道狭小等问题也是常见的碰撞内容之一。

在对项目进行碰撞检测时，要遵循如下检测优先级顺序：①土建碰撞检测；②设备内部各专业碰撞检测；③结构与给水排水、暖、电专业碰撞检测等；④解决各管线之间交叉问题。其中，全专业碰撞检测的方法如下：完成各专业的精确三维模型建立后，选定一个主文件，以该文件轴网坐标为基准，将其他专业模型链接到该主模型中，最终得到一个包括土建、管线、工艺设备等全专业的综合模型。该综合模型真正地为设计提供了模拟现场施工碰撞检查的平台，在这个平台上完成仿真模式现场碰撞检查，并根据检测报告及修改意见对设计方案合理评估并做出设计优化决策，然后再次进行碰撞检测……如此循环，直至解决所有的硬碰撞、软碰撞。

显而易见，面对常见碰撞内容复杂、种类较多，且碰撞点很多，甚至高达上万个，如何对碰撞点进行有效标识与识别？这就需要采用轻量化模型技术，把各专业三维模型数据以直观的模式存储于展示模型中。模型碰撞信息采用“碰撞点”和“标识签”进行有序标识，通过结构树形式的“标识签”可直接定位到碰撞位置。碰撞检测完毕后，在计算机上以该命名规则出具碰撞检查报告，方便快速地读出碰撞点的具体位置与碰撞信息。

在读取并定位碰撞点后，为了更快速地给出针对碰撞检测中出现的“软”“硬”碰撞点的解决方案，一般将碰撞问题分为以下五类：

（1）重大问题，需要业主协调各方共同解决；

（2）由设计方解决的问题；

（3）由施工现场解决的问题；

（4）因未定因素（如设备）而遗留的问题；

（5）因需求变化而带来的新问题。

针对由设计方解决的问题，可以通过多次召集各专业主要骨干参加三维可视化协调会议的办法，把复杂的问题简单化，同时将责任明确到个人，从而顺利地完成管线综合设计、优化设计，得到业主的认可。针对其他问题，则可以通过三维模型截图、漫游文件等协助业主解决。另外，管线优化设计应遵循以下五项原则：

（1）在非管线穿梁、碰柱、穿吊顶等必要情况下，尽量不要改动。

（2）只需调整管线安装方向即可避免的碰撞，属于软碰撞，可以不修改，以减少设计人员的工作量。

（3）需满足建筑业主要求，对没有碰撞，但不满足净高要求的空间，也需要进行优化设计。

（4）管线优化设计时，应预留安装、检修空间。

（5）管线避让原则：有压管避让无压管；小管线避让大管线；施工简单管

避让施工复杂管；冷水管道避让热水管道；附件少的管道避让附件多的管道；临时管道避让永久管道。

（三）大体积混凝土温度监测

使用自动化监测管理软件进行大体积混凝土温度的监测，将测温数据无线传输自动汇总到分析平台上，通过对各个测温点的分析，形成动态监测管理系统。电子传感器按照测温点布置要求，直接自动将温度变化情况输出到计算机，形成温度变化曲线图，随时可以远程动态监测大体积混凝土的温度变化情况。根据温度变化情况，随时加强养护，确保大体积混凝土的施工质量，确保在工程大体积筏板基础混凝土浇筑后不出现由于温度变化剧烈引起的温度裂缝，降低温度应力的影响。

（四）施工工序管理

工序质量控制就是对工序活动条件即工序活动投入的质量、工序活动效果的质量及分项工程质量的控制。在利用 BIM 技术进行工序质量控制时着重于以下四方面的工作：

（1）利用 BIM 技术能够更好地确定工序质量，控制工作计划。一方面要求对不同的工序活动制定专门的保证质量的技术措施，做出物料投入及活动顺序的专门规定；另一方面要规定质量控制工作流程、质量检验制度。

（2）利用 BIM 技术主动控制工序活动条件的质量。工序活动条件主要指影响质量的五大因素，即人、材料、机械设备、方法和环境。

（3）能够及时检验工序活动效果的质量。主要是实行班组自检、互检、上下道工序交接检，特别是对隐蔽工程和分项（部）工程的质量检验。

（4）利用 BIM 技术设置工序质量控制点（工序管理点），实行重点控制。工序质量控制点是针对影响质量的关键部位或薄弱环节确定的重点控制对象。正确设置控制点并严格实施是进行工序质量控制的重点。

（五）信息查询和搜集

BIM 技术具有高集成化的特点，其模型实质为一个庞大的数据库，在进行质量检查时可以随时调用模型，查看各个构件。例如，预埋件位置查询，一起到对整个工程逐一排查的作用，事后控制极为方便。

五、安全管理

安全管理（Safety Management）是管理科学的一个重要分支，它是为实现安全目标而进行的有关决策、计划、组织和控制等方面的活动；其主要运用现代安全管理原理、方法和手段，分析和研究各种不安全因素，从技术上、组织上和管理上采取有力的措施，解决和消除各种不安全因素，防止事故的发生。

施工现场安全管理的内容，大体可归纳为安全组织管理、场地与设施管理、行为控制和安全技术管理四方面，分别对生产中的人、物、环境的行为与状态进行具体的管理与控制。

传统的安全控制难点与缺陷主要体现在以下四方面：

（1）建设项目施工现场环境复杂，安全隐患无处不在；

（2）安全管理方式、管理方法与建筑业发展脱节；

（3）微观安全管理方面研究程度尚浅；

（4）施工作业人员的安全意识薄弱。

基于 BIM 技术的项目安全管理与传统管理方式相比具有较大的优势。

下面对 BIM 技术在工程项目安全管理中的具体应用进行介绍。

（一）施工准备阶段安全控制

在施工准备阶段，利用 BIM 进行与实践相关的安全分析，能够降低施工安全事故发生的可能性。例如，4D 模拟与管理、安全表现参数的计算等，可以在施工准备阶段排除很多建筑安全风险；BIM 虚拟环境划分施工空间，排除安全隐患；基于 BIM 及相关信息技术的安全规划可以在施工前的虚拟环境中发现潜在的安全隐患并予以排除；采用 BIM 模型结合有限元分析平台，可以进行力学计算，保障施工安全；通过模型可以发现施工过程重大危险源并实现危险源自动识别。

（二）施工过程仿真模拟

仿真分析技术能够模拟建筑结构在施工过程中不同时段的力学性能和变形状态，为结构安全施工提供保障。通常采用大型有限元软件来实现结构的仿真分析，但对于复杂建筑物的模型建立需要耗费较多时间。在BIM模型的基础上，开发相应的有限元软件接口，实现三维模型的传递，再附加材料属性、边界条件和荷载条件，结合先进的时变结构分析方法，便可以将 BIM、4D 技术和时变结构分析方法结合起来，实现基于 BIM 的施工过程结构安全分析，能有效捕捉施工过程中可能存在的危险状态，指导安全维护措施的编制和执行，防止发生安全事故。

（三）模型试验

对于结构体系复杂、施工难度大的结构，结构施工方案的合理性与施工技术的安全可靠性都需要验证，为此要利用 BIM 技术建立试验模型，对施工方案进行动态展示，从而为试验提供模型基础信息。

（四）施工动态监测

近年来建筑安全事故不断发生，人们的防灾减灾意识也有很大提高，结构监测研究也已成为国内外的前沿课题之一。对施工过程，特别是对重要部位和关键工序进行实时施工监测，可以及时了解施工过程中结构的受力和运行状态。施工监测技术的先进合理与否，对施工控制起着至关重要的作用，这也是施工过程信息化的一个重要内容。为了及时了解结构的工作状态，发现结构未知的损伤，建立工程结构的三维可视化动态监测系统就显得十分迫切。

三维可视化动态监测技术具有可视化的特点，可以人为操作在三维虚拟环境下漫游，提前直观、形象地发现现场的各类潜在危险源，提供更便捷的方式查看监测位置的应力应变状态，在某一监测点应力或应变超过拟订的范围时，系统将自动报警给予提醒。

使用自动化监测仪器进行施工过程结构观测时，可以将感应元件监测的数据自动汇总到基于 BIM 平台开发的安全监测软件上。通过对数据的分析，结合现场实际测量的数据进行对比，可以形成动态的监测管理，确保结构在施工过程中的安全稳定性。

通过信息采集系统得到的结构施工期间不同部位的监测值，根据施工工序判断每时段的安全等级，并在终端上实时显示现场的安全状态和存在的潜在威胁，可以给予管理者直观指导。

（五）防坠落管理

坠落危险源包括尚未建成的楼梯井和天窗等，通过在 BIM 模型中的危险源存在部位建立坠落防护栏杆构件模型，研究人员能够清楚地识别多个坠落风险，且可以向承包商提供完整、详细的信息，包括安装或拆卸栏杆的地点和日期等。

（六）塔式起重机安全管理

大型工程施工现场需布置多个塔式起重机同时作业，因塔式起重机旋转半径不足而造成的施工碰撞也屡屡发生。确定塔式起重机回转半径后，在整体 BIM 施工模型中布置不同型号的塔式起重机，能够确保其同电源线和附近建筑物的安全距离，确定哪些员工在哪些时候会使用塔式起重机。在整体施工模型中，可以用不同颜色的色块来表明塔式起重机的回转半径和影响区域，并进行碰撞检测来生成塔式起重机回转半径内的任何非钢安装活动的安全分析报告。该报告可以用于项目定期安全会议中，减少由于施工人员和塔式起重机缺少交互而产生的意外风险。

（七）灾害应急管理

随着建筑设计的发展，某些规范已经无法满足超高型、超大型或异型建筑空间的消防设计需求。利用 BIM 及相应灾害分析模拟软件，可以在灾害发生前，模拟灾害发生的过程，分析灾害发生的原因，制定避免灾害发生的措施，以及发生灾害后人员疏散、救援支持的应急预案，以减少灾害损失。BIM 能够模拟人员疏散时间、疏散距离、有毒气体扩散时间、建筑材料耐燃烧极限、消防作业面等，主要表现为 4D 模拟、3D 漫游和 3D 渲染标识各种危险，且在 BIM 中生成的 3D 动画、渲染能够用来同工人沟通应急预案和计划方案。应急预案包括：施工人员的入口 / 出口、建筑设备和运送路线、临时设施和拖车位置、紧急车辆路线、恶劣天气的预防措施；利用 BIM 数字化模型进行物业沙盘模拟训练，训练安保人员提高对建筑物的熟悉程度；在模拟灾害发生时，通过 BIM 数字模型指导大楼人员进行快速疏散；通过对事故现场人员感官的模拟，使疏散方案更合理；通过 BIM 模型判断监控摄像头布置是否合理，与 BIM 虚拟摄像头关联，可随意打开任意视角的摄像头，摆脱传统监控系统的弊端。

另外，当灾害发生后，BIM 模型可以提供救援人员紧急状况点的完整信息，配合温感探头和监控系统发现温度异常区，获取建筑物及设备的状态信息，通过 BIM 和楼宇自动化系统的结合，使得 BIM 模型能清晰地呈现出建筑物内部紧急状况的位置，甚至到紧急状况点最合适的路线，救援人员可以由此做出正确的现场处置，提高应急行动的成效。

六、成本管理

成本控制（Cost Control）是企业根据一定时期预先建立的成本管理目标，由成本控制主体在其职权范围内，在生产耗费发生之前和成本控制过程中，对各种影响成本的因素和条件采取的一系列预防和调节措施，以保证成本管理目标实现的管理行为。

成本控制的过程是运用系统工程的原理对企业在生产经营过程中发生的各种耗费进行计算、调节和监督的过程，也是一个发现薄弱环节、挖掘内部潜力、寻找一切可能降低成本途径的过程。科学地组织实施成本控制，可以促进企业改善经营管理，转变经营机制，全面提高企业素质，使企业在市场竞争的环境下生存、发展和壮大。然而，工程成本控制一直是项目管理中的重点及难点，其主要难点有数据量大、牵涉部门和岗位众多、对应分解困难、消耗量和资金支付情况复杂等。

基于 BIM 技术，建立成本的 5D（3D 实体、时间、造价）关系数据库，以各 WBS（Work Breakdown Structure，工作分解结构的缩写，是项目管理重要的专业术语之一）单位工程量“人材机”单价为主要数据进入成本 BIM 中，能够快速实行多维度（时间、空间、WBS）成本分析，从而对项目成本进行动态控制。其解决方案操作方法如下：

1. 创建基于 BIM 的实际成本数据库

建立成本的 5D 关系数据库，让实际成本数据及时进入 5D 关系数据库，成本汇总、统计、拆分对应瞬间可得。以各 WBS 单位工程量“人材机”单价为主要数据进入实际成本 BIM。未由合同确定单价的项目，按预算价先进入；有实际成本数据后，及时按实际数据替换掉。

2. 实际成本数据及时进入数据库

初始实际成本 BIM 中成本数据以采取合同价和企业定额消耗量为依据。

随着进度进展，实际消耗量与定额消耗量会有差异，要及时调整。每月对实际消耗进行盘点，调整实际成本数据，化整为零，动态维护实际成本 BIM，能大幅减少一次性工作量，并利于保证数据准确性。

3. 快速实行多维度（时间、空间、WBS）成本分析

建立实际成本 BIM 模型，周期性（月、季）按时调整。维护好该模型，统计分析工作就很轻松，软件强大的统计分析能力可轻松满足各种成本分析需求。

BIM 技术在工程项目成本控制中的应用具体如下：

（一）成本核算

BIM 是一个强大的工程信息数据库。进行 BIM 建模所完成的模型包含二维图纸中所有位置长度等信息，并包含了二维图纸中不包含的材料等信息，而这些的背后是强大的数据库支撑。因此，计算机通过识别模型中的不同构件及模型的几何物理信息（时间维度、空间维度等），对各种构件的数量进行汇总统计，这种基于 BIM 的算量方法将算量工作大幅度简化，减少了人为原因造成的计算错误，大量节约了人力的工作量和花费的时间。有研究表明，工程量计算的时间在整个造价计算过程中占到了 50% ~ 80%，而运用 BIM 算量方法会节约将近 90% 的时间，误差也控制在 1% 的范围内。

（二）预算工程量动态查询与统计

工程预算存在定额计价和清单计价两种模式。自《建设工程工程量清单计价规范》（GB 50500—2003，目前已作废）发布以来，建设工程招投标过程中清单计价方法成为主流。在清单计价模式下，预算项目往往基于建筑构件进行资源的组织和计价，与建筑构件存在良好的对应关系，满足 BIM 信息模型以三维数字技术为基础的特征，因而应用 BIM 技术进行预算工程量统计具有很大的优势：使用 BIM 模型来取代图纸，直接生成所需材料的名称、数量和尺寸等信息，而且这些信息始终与设计保持一致。在设计出现变更时，该变更将自动反映到所有相关的材料明细表中，造价工程师使用的所有构件信息也会随之变化。

在基本信息模型的基础上增加工程预算信息，即形成了具有资源和成本信息的预算信息模型。预算信息模型包括建筑构件的清单项目类型、工程量清单、人力、材料、机械定额和费率等信息。通过此模型，系统能识别模型中的不同构件，并自动提取建筑构件的清单类型和工程量（如体积、质量、面积、长度）等信息，自动计算建筑构件的资源用量及成本，用以指导实际材料物资的采购。

系统根据计划进度和实际进度信息，可以动态计算任意 WBS 节点任意时间段内每日计划工程量、计划工程量累计、每日实际工程量、实际工程量累计，帮助施工管理者实时掌握工程量的计划完工和实际完工情况。在分期结算过程中，每期实际工程量累计数据是结算的重要参考，系统动态计算实际工程量可以为施工阶段工程款结算提供数据支持。

另外，从 BIM 预算模型中提取相应部位的理论工程量，从进度模型中提取现场实际的人工、材料、机械工程量，通过将模型工程量、实际消耗、合同工程量进行短周期三量对比分析，能够及时掌握项目进展，快速发现并解决问题，根据分析结果为施工企业制订精确的人、机、材计划，大大减少了资源、物流和仓储环节的浪费。应用 BIM 技术，可以掌握成本分布情况，进行动态成本管理。

（三）限额领料与进度款支付管理

限额领料制度一直很健全，但用于实际却难以实现，主要存在的问题有：材料采购计划数据无依据，采购计划由采购员决定，项目经理只能凭感觉签字；施工过程工期紧，领取材料数量无依据，用量上限无法控制；限额领料流程造假，事后再补单据。

BIM 的出现为限额领料提供了技术、数据支撑。基于 BIM 软件，在管理多专业和多系统数据时，能够采用系统分类和构件类型等方式对整个项目数据进行管理，为视图显示和材料统计提供规则。例如，给水排水、电气、暖通专业可以根据设备的型号、外观及各种参数分别显示设备，方便计算材料用量。

传统模式下工程进度款申请和支付结算工作比较烦琐，而利用 BIM 能够快速准确地统计出各类构件的数量，减少预算的工作量，且能形象、快速地完成工程量拆分和重新汇总，为工程进度款结算工作提供技术支持。

（四）以施工预算控制人力资源和物质资源的消耗

在开工以前，利用BIM软件建立模型，通过模型计算工程量，并按照企业定额或上级统一规定的施工预算，结合BIM模型，编制整个工程项目的施工预算，作为指导和管理施工的依据。对生产班组的任务安排，必须签收施工任务单和限额领料单，并向生产班组进行技术交底。生产班组要根据实际完成的工程量和实耗人工、实耗材料做好原始记录，作为施工任务单和限额领料单结算的依据。任务完成后，根据回收的施工任务单和限额领料单进行结算，并按照结算内容支付报酬（包括奖金）。为了便于任务完成后进行施工任务单和限额领料单与施工预算的对比，要求在编制施工预算时对每一个分项工程工序名称进行编号，以便对号检索并对比、分析节超。

（五）设计优化与变更成本管理、造价信息实时追踪

BIM模型依靠强大的工程信息数据库，实现了二维施工图与材料、造价等各模块的有效整合与关联变动，使得实际变更和材料价格变动可以在BIM模型中实时更新。变更各环节之间的时间被缩短后，可以提高效率，可以更加及时准确地将数据提交给工程各参与方，以便各方做出有效的应对和调整。目前BIM的建造模拟功能已经发展到了5D维度。5D模型集三维建筑模型、施工组织方案、成本及造价等于一体，能实现对成本费用的实时模拟和核算，并为后续建设阶段的管理工作所利用，解决了阶段割裂和专业割裂的问题。BIM通过信息化的终端和BIM数据后台使整个工程的造价相关信息顺畅地流通起来，从企业机关的管理人员到每个数据的提供者都可以监测，保证了各种信息数据及时准确地调用、查询、核对。

七、物料管理

传统材料管理模式就是企业或者项目部根据施工现场实际情况制定相应的材料管理制度和流程，这个流程主要是依靠施工现场的材料员、保管员、施工员来完成的。施工现场的多样性、固定性和庞大性，决定了施工现场材料管理具有周期长、种类繁多、保管方式复杂等特殊性。传统材料管理存在核算不准确、材料申报审核不严格、变更签证手续办理不及时等问题，造成了大量材料现场积压、占用大量资金、停工待料、工程成本上涨等问题。

基于BIM的物料管理通过建立安装材料BIM模型数据库，使项目部各岗位人员及企业不同部门都可以进行数据的查询和分析，为项目部材料管理和决策提供数据支撑。其具体表现如下：

（一）安装材料BIM模型数据库

项目部拿到机电安装等各专业施工蓝图后，由BIM项目经理组织各专业机电BIM工程师进行三维建模，并将各专业模型组合到一起，形成安装材料BIM模型数据库，该数据库以创建的BIM机电模型和全过程造价数据为基础，把原来分散在安装各专业组中的工程信息模型汇总到一起，形成一个汇总的项目级基础数据库。

（二）安装材料分类控制

材料的合理分类是材料管理的一项重要基础工作，安装材料BIM模型数据库的最大优势是包含材料的全部属性信息。在进行数据建模时，各专业建模人员对施工所使用的各种材料属性，按其需用量的大小、占用资金多少及重要程度进行分类，科学合理地控制。

（三）用料交底

BIM与传统CAD相比，具有可视化的显著特点。设备、电气、管道、通风空调等安装专业三维建模并碰撞后，BIM项目经理组织各专业BIM项目工程师进行综合优化，提前消除施工过程中各专业可能遇到的碰撞。项目核算员、材料员、施工员等管理人员应熟读施工图纸、理解BIM三维模型、明确设计思想，并按施工规范要求向施工班组进行技术交底，将BIM模型中用料意图灌输给班组，通过BIM三维图、CAD图纸或者表格下料单等书面形式做好用料交底，防止班组“长料短用、整料零用”，做到物尽其用，减少浪费及边角料，把材料消耗降到最低。

（四）物资材料管理

安装材料的精细化管理一直是项目管理中的难题，施工现场材料的浪费、积压等现象司空见惯。运用BIM模型，结合施工程序及工程形象进度周密安排材料采购计划，不仅能保证工期与施工的连续性，而且能用好用活流动资金、降低库存、减少材料二次搬运。同时，材料员根据工程实际进度，能方便地提取施工各阶段材料用量。在下达施工任务书中，要附上完成该项施工任务的限额领料单，作为发料部门的控制依据，实行对各班组限额发料，防止错发、多发、漏发等无计划用料，从源头上做到材料的“有的放矢”，减少施工班组对材料的浪费。

（五）材料变更清单

工程设计变更和增加签证在项目施工中会经常发生。项目经理部在接收工程变更通知书执行前，应有因变更造成材料积压的处理意见，原则上要由业主收购，如果处理不当就会造成材料积压，无端地增加材料成本。BIM模型在动态维护工程中，可以及时地将变更图纸三维建模，并且将变更发生的材料、人工等费用准确、及时地计算出来，便于办理变更签证手续，保证工程变更签证的有效性。

第三节　BIM技术在运维管理阶段的应用

一、运维与设施管理的内容

运维与设施管理包括空间管理、资产管理、维护管理、公共安全管理和能耗管理等内容。

（一）空间管理

空间管理主要是指满足组织在空间方面的各种分析及管理需求，更好地响应组织内各部门对于空间分配的请求及高效处理日常相关事务，计算空间相关成本，执行成本分摊等内部核算，加强企业各部门控制非经营性成本的意识，提高企业收益。空间管理主要包括空间分配、空间规划、租赁管理和统计分析等方面。

（二）资产管理

资产管理是指运用信息化技术增强资产监管力度，降低资产的闲置浪费，减少和避免资产流失，使业主在资产管理上更加全面规范，从整体上提高业主资产管理水平。资产管理主要包括日常管理、资产盘点、折旧管理、报表管理等，其中日常管理又包括卡片管理、转移使用和停用退出等。

（三）维护管理

维护管理是指建立设施设备基本信息库与台账，定义设施设备保养周期等属性信息，制订设施设备维护计划；对设施设备运行状态进行巡检管理并生成运行记录、故障记录等信息，根据生成的保养计划自动提示到期需保养的设施设备；对出现故障的设备从维修申请，到派工、维修、完工验收等实现过程化管理。维护管理主要包括维护计划、巡检管理和报修管理。

（四）公共安全管理

公共安全管理是指应对火灾、非法侵入、自然灾害、重大安全事故和公共卫生事故等危害人们生命财产安全的各种突发事件，建立应急及长效的技术防范保障体系。公共安全管理主要包括火灾报警、安全防范和应急联动等方面。

（五）能耗管理

能耗管理是指对能源消费过程的计划、组织、控制和监督等一系列工作。能耗管理主要包括数据采集、数据分析和报警管理等。

二、基于BIM技术的运维与设施管理的优势

BIM 技术可以集成和兼容计算机化的维护管理系统（CMMS）、电子文档管理系统（EDMS）、能量管理系统（EMS）和楼宇自动化系统（BAS）。虽然这些单独的信息系统也可以实施设施管理，但各个系统中的数据是零散的，并且在这些系统中，数据需要手动输入建筑物设施管理系统中，这是一种费力且低效的作业。在设施管理中使用 BIM 可以有效地集成各类信息，还可以实现设施的三维动态浏览。

BIM 技术在运维管理中主要有以下三点优势：

（一）实现信息集成和共享

BIM 技术可以整合设计阶段和施工阶段的时间、成本、质量等不同时间段、不同类型的信息，并将设计阶段和施工阶段的信息高效、准确地传递到设施管理中，还能将这些信息与设施管理的有关信息相结合。

（二）实现设施的可视化管理

BIM 三维可视化的功能是 BIM 最重要的特征。BIM 三维可视化将二维 CAD 图纸以三维模型的形式展现给用户。当设备发生故障时，BIM 可以帮助设施管理人员直观地查看设备的位置及设备周边的情况。BIM 的可视化功能在翻新和整修过程中还可以为设施管理人员提供可视化的空间显示，以及预演功能。

（三）定位建筑构件

设施管理中，在进行预防性维护或是设备发生故障进行维修时，首先需要维修人员找到需要维修构件的位置及其相关信息。现在的设备维修人员常常凭借图纸和自己的经验来判断构件的位置，而这些构件往往在墙面或地板后面等看不到的地方，位置很难确定。准确的定位设备对新员工或在紧急情况下是非常重要的。使用 BIM 技术不仅可以直接三维定位设备，还可以查询该设备的所有基本信息及维修历史信息。维修人员在现场进行维修时，可以通过移动设备快速地从后台技术知识数据库中获得所需的各种指导信息，也可以将维修结果信息及时反馈到后台中央系统中，对提高工作效率很有帮助。

三、BIM技术在运维与设施管理中的具体应用

（一）空间管理

BIM 技术可为运维管理人员提供详细的空间信息，包括实际空间占用情况等。同时，BIM 能够通过可视化功能帮助定位部门位置，将建筑信息与具体的空间相关信息关联，并在软件平台中实时打开并进行监控，从而提高了空间利用率。根据建筑使用者的实际需求，提供基于运维空间模型的工作空间可视化规划管理功能，以及工作空间变化可能带来的建筑设备、设施功率负荷方面的数据作为决策依据，并在运维平台中快速更新三维空间模型。

1. 租赁管理

应用 BIM 技术对空间进行可视化管理，分析空间使用状态、收益、成本及租赁情况，可以判断影响不动产财务状况的周期性变化及发展趋势，帮助企业提高空间的投资回报率，及时抓住机会并规避潜在的风险。

通过查询定位可以轻易查询到商户空间，并且查询到租户或商户信息，如客户名称、建筑面积、租约区间、租金、物业费用。系统可以提供收租提醒等客户定制功能，还可以根据租户信息的变更，对数据进行实时调整和更新，建立一个快速共享的平台。

BIM 运维平台不仅提供了对租户的空间信息管理，还提供了对租户能源使用及费用情况的管理。这种功能同样适用于商业信息管理，与移动终端相结合，商户的活动情况、促销信息、位置、评价可以直接推送给终端客户，在提高租户使用率的同时也为其创造了更高的价值。

2. 垂直交通管理

3D 电梯模型能够正确反映所对应的实际电梯空间位置以及相关属性等信息。电梯的空间相对位置信息包括门口电梯、中心区域电梯、电梯所能到达楼层信息等;电梯的相关属性信息包括直梯、扶梯、电梯型号、大小、承载量等。BIM 运维平台对电梯的实际使用情况进行了渲染，物业管理人员可以清楚直观地看到电梯的能耗及使用状况，通过对人行动线、人流量的分析，帮助管理者更好地对电梯系统的运行策略进行调整。

3. 车库管理

目前的车库管理系统基本都以计数系统为主，只显示空车位的数量，对空车位的位置无法显示。在停车过程中，车主随机寻找车位，缺乏明确的路线，容易造成车道堵塞和资源（时间、能源）浪费。BIM 应用无线射频技术将定位标识标记在车位卡上，车子停好之后自动识别某车位已经被占用。通过该系统就可以在车库入口处通过屏幕显示出所有已经被占用的车位和空闲的车位数量。通过车位卡或车牌号还可以在车库监控大屏幕上查询所在车的位置，这为方向感较差的车主提供了非常贴心的导航功能。

4. 办公管理

基于 BIM 可视化的空间管理体系，可对办公部门、人员和空间实现系统性、信息化管理。工作空间内的工作部门、人员、部门所属资产、人员联系方式等都与 BIM 模型中相关的工位、资产相关联，便于管理和信息的及时获取。

（二）资产管理

BIM技术与互联网的结合将开创现代化管理的新纪元。基于BIM的互联网管理实现了在三维可视化条件下掌握和了解建筑物及建筑中相关人员、设备、结构、资产、关键部位等信息，对于可视化的资产管理意义重大，可以降低成本，提高管理精度，避免损失和资产流失。

1. 可视化资产信息管理

传统资产信息整理录入主要是由档案室的资料管理人员或录入人员采取纸媒质的方式进行管理，这样信息既不容易保存更不容易查阅，一旦人员调整或周期较长会出现遗失或记录不可查询等问题，造成工作效率降低和成本提高。

由于上述原因，公司、企业或个人对固定资产信息的管理已经逐渐脱离了传统的纸质方式，不再需要传统的档案室和资料管理人员。信息技术的发展使基于BIM的互联网资产管理系统可以通过在RFID的资产标签芯片中注入用户需要的详细参数信息和定期提醒设置，实现结合三维虚拟实体的BIM技术，使资产在智慧建筑物中的定位和相关参数信息一目了然，可以实现精确定位、快速查阅。

新技术的产生使二维的、抽象的、纸媒质的传统资产信息管理方式变得鲜活生动。资产的管理范围也从以前的重点资产延伸到资产的各个方面。例如，对于机电安装的设备、设施，资产标签中的报警片会提醒设备需要定期维修的时间以及设备维修厂家等相关信息，同时可以预警设备的使用寿命，方便及时更换，避免发生伤害事故和一些不必要的麻烦。

2. 可视化资产监控、查询、定位管理

资产管理的重要性就在于可以实时监控、实时查询和实时定位，然而传统做法很难实现，尤其对于高层建筑的分层处理，资产很难从空间上进行定位。BIM技术和互联网技术的结合完美地解决了这一问题。

现代建筑通过BIM系统把整个物业的房间和空间都进行了划分，并对每个划分区域的资产进行了标记。人们可以通过移动终端收集资产的定位信息，并随时和监控中心进行通信联系。

监视：基于BIM的信息系统完全可以取代和完善视频监视录像，该系统

可以追踪资产的整个移动过程和相关使用情况。配合工作人员身份标签定位系统，可以了解资产经手的相关人员，并且系统会自动记录，方便查阅。一旦发现资产位置在正常区域之外、有无身份标签的工作人员移动或定位信息等非正常情况，监控中心的系统就会自动报警，并且将建筑信息模型的位置自动切换到出现警报的资产位置。

查询:该资产的所有信息，包括名称、价值和使用时间，都可以随时查询。

定位：随时定位被监视资产的位置和相关状态情况。

3. 可视化资产安保及紧急预案管理

传统的资产管理安保工作无法对被监控资产进行定位，只能够对关键的出入口等处进行排查处理。有了互联网技术后，虽然可以从某种程度上加强产品的定位，但是缺乏直观性，难以提高安保人员的反应速度，经常发现资产遗失后没有办法及时追踪，无法确保安保工作的正常开展。基于BIM技术的互联网资产管理可以从根本上提高紧急预案的管理能力和资产追踪的及时性、可视性。

一些比较昂贵的设备或物品可能有被盗窃的危险，工作人员赶往事发现场期间，犯罪嫌疑人有足够的时间逃脱，而使用无线射频技术和报警装置可以及时了解贵重物品的情况。因此，BIM信息技术的引入变得至关重要，当贵重物品发出报警后，其对应的BIM追踪器随即启动。通过BIM三维模型可以清楚地分析出犯罪嫌疑人的精确位置和可能的逃脱路线，BIM控制中心只需要在关键位置及时布置工作人员进行阻截就可以保证贵重物品不会遗失，并且将犯罪嫌疑人绳之以法。

BIM控制中心的建筑信息模型与互联网无线射频技术的完美结合彻底实现了非建筑专业人士或对该建筑物不了解的安保人员正确了解建筑物安保关键部位。指挥官只需给进入建筑的安保人员配备相应的无线射频标签，并与BIM系统动态连接，根据BIM三维模型就可以直接观察看风管、排水通道等容易疏漏的部位和整个建筑三维模型，动态地调整人员部署，对出现异常情况的区域第一时间做出反应，从而真正实现资产的安全保障管理。

信息技术的发展推动了管理手段的进步。基于BIM技术的物联网资产管理方式通过最新的三维虚拟实体技术使资产在智慧建筑中得到了合理的使用、保存、监控、查询、定位。资产管理的相关人员从全新的视角诠释了资产管理的流程和工作方式，使资产管理的精细化程度得到了很大提高，确保了资产价值最大化。

（三）维护管理

维护管理主要是指设备的维护管理。将BIM技术运用到设备管理系统中，使系统包含设备所有的基本信息，可以实现三维动态地观察设备实时状态，从而使设施管理人员了解设备的使用状况，也可以根据设备的状态预测设备的故障，从而在设备发生故障前就对设备进行维护，降低维护费用。将BIM运用到设备管理中，可以查询设备信息、设备运行和控制、主动进行设备报修，也可以进行设备的计划性维护等。

1. 设备信息查询

基于BIM技术的管理系统集成了对设备的搜索、查阅、定位功能。单击BIM模型中的设备，可以查阅该设备信息，如供应商、使用期限、联系电话、维护情况、所在位置等；该管理系统可以对设备生命周期进行管理，如对寿命即将到期的设备及时预警和更换配件，防止事故发生；在管理界面中搜索设备名称，或者描述字段，可以查询所有相应设备在虚拟建筑中的准确定位；管理人员或者领导可以随时利用四维BIM模型，进行建筑设备实时浏览。另外，在系统的维护页面中，用户可以通过设备名称或编号等关键字进行搜索，并且可以根据需要打印搜索的结果，或导出Excel表。

2. 设备运行和控制

所有设备是否正常运行可以在BIM模型上得到直观显示，如绿色表示正常运行，红色表示出现故障；对于每个设备，可以查询其历史运行数据以及各种设备运行指标等;另外，可以对设备进行控制，如某一区域照明系统的打开、关闭等。

3. 设备报修流程

在建筑的设施管理中，设备的维修是最基本的。所有的报修流程都是在线申请和完成的，用户填写设备报修单，经过工程经理审批，然后进行维修；修理结束后，维修人员及时将信息反馈到BIM模型中，随后会有相关人员进行检查，确保维修已完成，等相关人员确认该维修信息后，将该信息录入、保存到BIM模型数据库中。此后，用户和维修人员可以在BIM模型中查看各构件的维修记录，也可以查看本人发起的维修记录。

4. 计划性维护

计划性维护的功能是让用户依据年、月、周等不同时间节点来确定，当设备的维护计划达到维护计划所确定的时间节点时，系统会自动提醒用户启动设备维护流程，对设备进行维护。

设备维护计划的任务分配是按照逐级细化的策略确定的。一般情况下，年度设备维护计划只分配到系统层级，确定一年的哪个月对哪个系统（如中央空调系统）进行维护；而月度设备维护计划，则分配到楼层或区域层级，确定本月的哪一周对哪一个楼层或区域的设备进行维护；而最详细的周维护计划，不仅要确定具体维护哪一个设备，还要明确在哪一天具体由谁来维护。

通过这种逐级细化的设备维护计划分配模式，建筑物的运维管理团队无须一次性制订全年的设备维护计划，只需有一个全年的系统维护计划框架，在每月或是每周，管理人员可以根据实际情况再确定由谁在什么时间维护具体的某个设备。这种弹性的分配方式，其优越性是显而易见的，可以有效避免在实际的设备维护工作中，由于现场情况的不断变化，或是因为某些意外情况，造成整个设备维护计划无法顺利进行。

（四）公共安全管理

1. 火灾消防管理

在消防事件管理中，基于 BIM 技术的管理系统可以通过喷淋感应器感应信息，如果发生着火事故，在商业广场的信息模型界面中，就会自动发出火灾警报，对着火的三维位置和房间立即进行定位显示，并且控制中心可以及时查询周围情况和相应的设备情况，为及时疏散人员和处理火灾提供信息。

（1）消防电梯

按目前的规范，普通电梯及消防电梯不能作为消防疏散使用（其中消防梯仅可供消防队员使用）。有了 BIM 模型且 BIM 具有上述的动态功能后，就有可能使电梯在消防应急救援中，尤其是在超高层建筑消防救援中发挥重要作用。当火灾发生时，指挥人员可以在大屏幕前利用对讲系统或楼（全区）广播系统、消防专用电话系统，根据大屏显示的起火点（此显示需是现场视频动画后的图示）、蔓延区及电梯的各种运行数据指挥消防救援专业人员（每部电梯均由消防人员操作），帮助群众乘电梯疏散至首层或避难层。哪些电梯可用、哪些电梯不可用，在BIM图上均可清楚显示，从而有助于决策。目前这一方案正与消防部门共同研究并开发中。

（2）疏散演习

在大型的办公室区域可为每个办公人员的个人计算机安装不同地址的3D疏散图，标示出模拟的火源点，以及最短距离的通道、步梯疏散的路线，平时对办公人员进行常规的训练和演习。

（3）疏散引导

对于大多数不具备乘梯疏散的情况，BIM模型同样能发挥很大的作用。凭借上述各种传感器（包括卷帘门）及可靠的通信系统，引导人员可指挥人们从正确的方向由步梯疏散，使火灾抢救发生了革命性改变。

2. 隐蔽工程管理

建筑设计阶段会有一些隐蔽的管线信息是施工单位不关注的，或者这些资料信息可能在某个角落里，只有少数人知道。特别是随着建筑物使用年限的增加，人员更换频繁，这些安全隐患日益突出，有时会酿成悲剧。如2010年南京市某废旧塑料厂在进行拆迁时，因对隐蔽管线信息了解不全，工人不小心挖断了地下埋藏的管道，引发了剧烈爆炸，此次事件引发了社会的强烈关注。

基于BIM技术的运维可以管理复杂的地下管网，如污水管、排水管、网线、电线及相关管井，并且可以在三维模型直接获得相对位置关系。当改建或二次装修的时候可以避开现有管网位置，便于管网维修、更换设备和定位。同样的情况也适用于室内隐蔽工程的管理。这些信息全部通过电子化保存下来，内部相关人员可以进行共享，有变化时可以随时调整，保证了信息的完整性和准确性，从而大大降低了安全隐患。

例如一个大项目，市政有电力、光纤、自来水、中水、热力、燃气等几十个进楼接口，在封堵不良且验收不到位时，一旦外部有水（如市政自来水爆裂，雨水倒灌），水就会进入楼内。利用BIM模型可对地下层入口精准定位、验收，方便封堵，也易于检查，可以大大降低事故发生的概率。

3. 安保管理

安保管理主要涉及视频监控、可疑人员定位、安保人员位置管理及人流量监控等方面。

（1）视频监控

目前的监控管理基本以显示摄像视频为主，传统的安保系统相当于有很多双眼睛，但是基于 BIM 的视频安保系统不但拥有“眼睛”，而且拥有“大脑”。因为摄像视频管理是运维控制中心的一部分，也是基于 BIM 的可视化管理。通过配备监控大屏幕可以对整个监控对象的视频监控系统进行操作；当选择建筑物某一层时，该层的所有视频图像立刻显示出来；一旦有突发事件，基于 BIM 的视频安保监控系统就能与协作的 BIM 模型的其他子系统联合进行突发事件管理。

（2）可疑人员定位

利用视频识别及跟踪系统，对不良人员、非法人员，甚至恐怖分子等进行标识，利用视频识别软件使摄像头自动跟踪及互相切换，对目标进行锁定。在夜间设防时段还可将红外线、门禁、门磁等各种信号一并传入 BIM 模型的大屏中。当然，这一系统不但要求 BIM 模型的配合，更要有多种联动软件及相当高的系统集成才能完成。

（3）安保人员位置管理

可以将无线射频芯片植入工卡，利用无线终端来定位安保人员的具体位置。对于商业地产，尤其是针对大型商业地产中人流量大、场地面积大、突发事件多的状况，这类安全保护价值更大。一旦发现险情，管理人员就可以利用 BIM 系统来指挥安保工作。

（4）人流量监控（含车流量）

利用视频系统 + 模糊计算，可以得到人流（人群）、车流的大概数量，在 BIM 模型上了解建筑物各区域出入口、电梯厅、餐厅、展厅等区域以及人多的步梯、步梯间的人流量、车流量。当人（车）流量大于一个限值时，会发出预警信号或警报，从而做出是否要开放备用出入口、投入备用电梯及人为疏导人流车流的应急安排。这对安全工作是非常有用的。

第七章　BIM 在项目结构设计中的应用

第一节　BIM 在项目结构设计应用中的必要性

一、必要性分析

结构设计作为工程项目十分重要的一部分，在结构设计阶段对 BIM 技术的应用必不可少，且具有重要意义。

1. 传统的结构设计也有三维的结构计算模型，并带有结构计算信息，但结构计算模型经过一定程度的简化、合并，与图样并不完全对应；BIM 模型则是与图样完全对应的结构三维模型，满足可视化设计需求，可以避免低级错误。

2. 传统结构设计基本上采用计算模型与图样相分离的模式进行设计，构件信息与图样标注信息无关联；而 BIM 模型的构件信息与标注相互联动。

3. 结构计算模型仅供结构专业计算使用，无法提供给其他专业应用；而 BIM 模型可以参与多专业的协同过程，整体发挥作用。

4. 依赖 BIM 软件平台，诸如 Revit 平台强大的可视化表现能力，可以对结构构件做各种检测分析，并以直观的方式表现出来，辅助设计人员对结构体系做出优化设计。

5. 结构 BIM 模型可以快速统计工程量，虽然目前主要为混凝土量，准确度也依赖于建模规则，但可以作为对项目快速估算与对比的参考依据。

6.BIM 模型对于施工交底作用较大，可视化交底过程可以显著提高沟通效率，减少信息不对等导致的理解错位。

总之，应用 BIM 技术，使结构设计打破了传统计算模型和二维设计的工作方式，直观表达设计师的意图，从而减少反复沟通的时间，同时可视化的工作方式更容易使辅助设计师发现问题，对提高设计质量具有积极意义。

二、BIM技术在工程项目管理中的应用现状

作为一种先进的工具和工作方式，BIM 技术不仅改变了建筑设计的手段和方法，而且在建筑行业领域做出了革命性的创举，通过建立 BIM 信息平台，建筑行业的协作方式被彻底改变。对于 BIM 在建筑工程全生命周期中的应用问题，美国 bSa(building SMART alliance) 做了比较详尽的归纳。

BIM 在工程项目全生命周期各阶段的主要应用如下：规划阶段主要用于现状建模、成本预算、阶段规划、场地分析、空间规划等；设计阶段主要用于对规划阶段的设计方案进行论证，包括方案设计、工程分析、可持续性评估、规范验证等；施工阶段则主要起到与设计阶段三维协调的作用，包括场地使用规划、施工系统设计、数字化加工、材料场地跟踪、三维控制和计划等；运维阶段主要用于对施工阶段进行记录建模，具体包括制订维护计划、进行建筑系统分析、资产管理、空间管理跟踪、灾害计划等。

（一）规划阶段

从项目建立初期开始，项目主要管理者就需要对项目有一个总体的管理思路，针对项目的特点，分析项目管理的重要部位、重要环节。例如，质量管理中的关键节点、重要部位，安全管理中的重大风险源；临建阶段需要考虑的诸多因素；等等。在借助 BIM 应用平台进行质量、安全管理之前需要选择合适的应用平台，或者在已有的平台上进行二次开发，以满足具体工程的需求。如果不具备平台应用条件，也可先建立模型，在模型上进行相关的基本应用。

规划人员将 BIM 技术应用于规划阶段时，要结合业主需求、都市计划、建筑法规、气候地区资料、地籍图、钻探或地基调查报告等资料，将其应用于建筑设计、室内配置、现地调查、法规及现况检讨、日照分析、采光分析、环境影响评估，进而绘制出 3D 立体模型、2D 平（立、剖）面图、能源分析结果、建蔽率分析结果、容积率分析结果、基地配置图等，完成建筑师在设计规划阶段的所有要求。BIM 空间信息模型的使用，将引导建筑师重新思考建筑设计流程，直接将脑海中的设计概念视觉化，对设计者来说使用起来更加直观，用三维模型让所有设计的详细内容得以具体呈现，去除传统使用 2D 图形时所产生的设计模糊角落，如线条复杂的模型在二维图纸上无法准确达到预期的效果，3D 信息模型可帮助看清设计细节，更可避免事后各方之间的建筑争议。

BIM 模型的可视化功能使业主与设计者在沟通时更易表达各方所需，方便后续作业。业主可以使用模型进行项目营销，综合成本信息形成 5D 模型可以进行成本估算。

（二）设计阶段

项目定下来之后，设计师开始做设计方案，BIM 此时开始介入，辅助设计师进行方案设计。目前主要有两种方法。

（1）将确定好的方案按其成型逻辑重新建立一个准确的模型，或者将确定下来的模型通过通用格式导入 BIM 相关软件进行分析，即以平面图纸为基础进行 3D 建模或者翻模，之后结合设计师的意见对其进行修改，进而反向促进方案的优化。

（2）直接由设计师与 BIM 工程师配合给出方案，即设计师负责概念、逻辑、方案决断，而 BIM 工程师负责将设计师的理念付诸实践。从这个角度看，BIM 工程师参与了方案设计工作。

由此可见，在方案设计方面，第一种方法中 BIM 只是一个技术上的搬运工，如果按照这个趋势不断发展，那么 BIM 会以一个产业的形态落地，可能是以很多企业中配备 BIM 部门，或者同时存在专业 BIM 公司的形式（类似于国外的咨询公司）延续下来。而第二种方法中 BIM 是一个概念的实现者，如果按照这样的趋势不断发展，那么 BIM 就很可能真正变成设计者的工具，这个过程类似于以前从徒手画图到引入 CAD 的过程。以后还可能出现第三种方法，就是设计师利用 BIM 软件进行设计，一步到位，不再有 2D 图纸，所有的设计方案都以 3D 形式展现，即 BIM 真正变成了一个工具，不再有“BIM 工程师”。就行业发展来看，这种趋势是必然的，但可能需要比较长的时间来实现。现阶段，BIM 在设计阶段主要以第一种方法辅助设计。

在方案设计阶段应用 BIM 技术，通过 BIM 模型的可视化功能完成方案的评审及多方案的比选会更加直观，也便于进行建筑概念设计和方案设计。

传统条件下，建筑概念设计基本上是依靠建筑师设想出建筑的平面和立面体型，但要直观表述建筑师的设想较为困难。通常建筑师会借助幻灯片向业主表达自己的设计概念，而业主却不能直接理解设计概念的内涵。在三维可视化条件下，三维状态的建筑能够借助电脑呈现，使人们可以从各个角度观察，虚拟阳光、灯光照射下建筑各个部位的光线视觉，为建筑概念设计和方案设计提供了方便；同时，设计过程中，通过虚拟人员在建筑内的活动，直观地再现人们在真正建筑中的视觉感受，使建筑师和业主的交流变得直观和容易。

BIM 模型成为交付的重点，意味着对交付图纸的要求变为辅助表达设计意图，由 BIM 模型直接生成的二维视图完全可以满足交付的要求。因此，方案设计阶段 BIM 模型生成的二维视图可直接作为正式交付物。这种方式不仅保证了交付质量，也大幅度提升了设计效率，BIM 技术的应用效果十分明显。初步设计阶段应用 BIM 技术，通过 BIM 模型可以更高质量地完成建筑设计、优化分析及综合协调，对于交付图纸的二维制图标准要求不需要非常严格，还有利于施工图设计阶段的设计修改。由于现阶段 BIM 模型生成的二维视图尚不能完全满足二维制图规范的要求，施工图设计阶段由 BIM 模型生成的二维视图很难直接用于交付。施工图设计阶段应用 BIM 技术，对施工阶段进行深化设计并指导施工，需要进行专业间的综合协调，检查是否出现由设计错误造成的无法施工的情况。目前可行的工作模式为先依据 BIM 模型完成综合协调、错误检查等工作，对 BIM 模型进行设计修改，最终将二维视图导入二维设计环境中进行图纸的后续处理。这样能够保证施工图纸达到二维制图标准要求，同时也能降低在 BIM 环境中处理图纸的大量工作。

目前设计院应用 BIM 主要采用 BIM 建模软件对设计过的 2D 图纸进行“翻模”，然后利用模型进行碰撞检查和性能分析。这种模式被称为“BIM1.0”。近些年出现了“BIM2.0”模式，即在设计过程中直接利用 BIM 软件运用 3D 思维进行设计，最后利用三维软件直接获取二维施工图，完成设计、报审与交付。随着 BIM 设计工具自身功能的不断完善，BIM 设计工具的本土化工作进一步深入，基于 BIM 设计工具的二次开发工具集不断增多，设计企业自身 BIM 设计能力和经验不断丰富，满足设计企业自身或行业标准的 BIM 设计资源图库以及专业样板文件的不断完善，未来从 BIM 模型自动生成的二维视图将基本满足出图要求，设计师只需简单地将其补充完善后即可快速、高效地完成施工图设计要求并打印出图。

一幢建筑物的性能特点绝大部分是由设计决定的，不仅如此，设计的好坏对于施工质量以及施工时间起着决定性作用，虽然设计阶段的建设成本费用只占总体成本的 5% 左右（国内可能会更低，有些工程这一比例仅为 2% 左右），但我们必须清楚的是，看似不起眼的设计却决定了建筑物未来高达70%的建造成本。

在BIM技术的智能辅助之下，设计师的能力相较之前变得更强大。他们可以很轻松地完成之前CAD技术所无法完成的工作，尤其是在现如今这种时间紧张、规模浩大、设计经费有限、竞争激烈、项目复杂的建设条件之下，熟练地运用BIM技术能够从各方面提升设计阶段的项目性能及质量。

BIM技术包括的工作有以下几个方面：

（1）在设计阶段初期，我们可以利用BIM技术的模型信息库所提供的信息对整个工程各个发展阶段的设计方案进行各类模拟、优化及性能分析，如造价计算、应急处理、能耗计算、噪声处理、景观可视度、热工、日照及风环境等，从而使业主拥有的建筑物达到最佳的性能要求。在BIM技术下进行设计，专业设计完成后建立工程各个构件的基本数据，导入专门的工程量计算软件，则可得出拟建建筑的工程预算和经济指标，能够立即对建筑的技术、经济性能进行优化设计，实现方案选择的合理性。之前BIM技术还未应用的时候，我们只能通过CAD软件进行辅助设计，想要很完美地完成这些工作，不仅需要消耗大量的人力资源，而且所要损失的物力也是很难计算的。因此，目前除了一些拥有丰富的人力、物力可以开展这些工作的特别重要的大型国家性建筑物之外，绝大部分的建筑项目都还处于恰好达到验算标准的水平，离连续、主动的性能分析这一目标还有很大的距离。

（2）对于复杂节点、新工艺、新结构、新形式这些所谓的工艺难点，我们可以利用BIM模型进行分析模拟，进而使设计方案得到改善，以利于施工的成功实现，让之前那些只能在施工现场或者施工过程中才能发现的问题尽早暴露，并且在设计阶段就可以得到很好的解决处理，这样可以大大缩短施工的工期，降低施工的人力、物力成本。

（3）可视化特性是BIM技术中一项很强大、很便利的技术。通过可视化特性，设计方案可以展现在用户、业主、预制方、施工方以及设备供应商的面前，让彼此之间的沟通变得便利且有效，使由于沟通不当产生的误会大大减少，从而提高施工的效率，降低错误发生的概率。

（4）BIM技术模型可以对建筑物的各类系统进行调节，如建筑物的电梯、消防、机电、结构等，BIM模型可以提前模拟产品的施工图，确保产品不会出现常见的错漏碰缺现象。

（5）通过BIM技术平台，施工企业可以在设计阶段对施工方案和施工计划进行仿真模拟，充分利用资源和空间，消除冲突，从而获得最优化的施工方案和计划。将BIM技术与互联网、移动通信、照相、视频以及3D扫描等技术集成，可以很便利地跟踪施工的质量和进度情况。将BIM技术与管理信息系统集成，可以十分有效地支持财务、库存、采购、造价等工程的动态、精确管理，从而达到生成项目相关文件以及竣工模型的最终目的。

（三）施工阶段

目前建设项目的施工时间普遍都较长，并且项目的市场环境变化很快，这些都给项目成本的控制带来了一定的困难。合理有效地使用BIM技术，可以将其模拟性、可见性及协调性的特点充分发挥出来，这样可以减少工程成本，全方面提高工程施工建设的效率，减少不必要的浪费，帮助企业的管理人员严格控制投资的成本。

合理利用BIM技术可以将工程技术的方案及实例更为立体地展现出来，将投标价更精准、更快捷地制定出来。首先，由设计单位中的设计人员向建设单位提供BIM模型；其次，建设单位根据设计人员提供的模型及项目结构构件的特征编制完整的工程量清单；最后，投标单位购买招标文件并对建设单位所编制的工程量进行复核确定。BIM技术的引进提高了工程项目的成本估算并缩短了整个工作时间，而且依靠技术的升级提高了准确率。这样可以在很大程度上提升企业的项目中标率。

对施工环节而言，BIM技术的碰撞检查是一个非常有力的工具。之前设计人员将建筑设计图以及所有事项制定完成之后便会将任务下达，建筑施工人员便会开始实施工作。然而，在施工过程中通常会遇到很多意想不到的突发情况，其中最为突出的就是房屋管道与墙壁的冲突碰撞。在这些情况发生之后，施工人员便会改变施工计划，拆墙重装或者是将已有的管道重新安装。这样重复的工作不仅会增加人工成本、延长工作时间，而且会在很大程度上影响工程的效率，并且不能保证重新施工后的效果一定会达到预期的目标。利用BIM的三维技术在前期进行碰撞检查，不仅可以直观解决空间关系冲突、优化工程设计、减少在建筑施工阶段可能存在的错误和返工，而且能够优化净空、优化管线排布方案。最后施工人员可以利用碰撞优化后的方案，进行施工交底、施工模拟，从而提高施工质量，同时也提高施工人员与业主沟通的能力，提前协调解决处理问题。

BIM 软件具有三维可视化特点及时间维度功能，有效利用 BIM 技术可以将施工项目各个阶段的现场情况非常直观地模拟显示出来，从而更加方便简捷地进行实际现场的平面布置工作，将现场平面布置得高效合理。可以对工程施工项目进行虚拟施工，随时随地直观快速地将施工计划与实际进展进行对比，同时进行有效协同，施工方、监理方甚至非工程行业出身的业主都能对工程项目的各种问题和情况了如指掌。通过三维动画渲染，给人以真实感和直接的视觉冲击。将 BIM 技术与施工方案相结合进行施工模拟以及现场视频监测，可以减少建筑质量问题、安全问题，减少返工和整改。将实际的施工进展与之前的施工计划进行快速有效的对比，可以保证各部门之间工作的有效协同，减少工程建筑存在的安全质量问题及项目整改和返工的可能性。

将 BIM 技术运用于施工企业，对企业级的管理阶层有极大的帮助，通过软件的实时控制可以很方便地对施工过程的各方面进行调控，对项目部进行有效的支撑和控制，将管控风险尽可能降低，从而进一步提升工程项目的实际管控能力。利用 BIM 技术进行虚拟装配，将构配件的虚拟装配运用于 BIM 技术的设计模型中，可以使安装、运输、制造中可能出现的问题提早暴露出来，并对问题及时进行修改，这样能大大避免由于设计失误造成的工期滞后和人力物力浪费等问题的发生。利用 BIM 技术进行现场技术交底，通过 BIM 技术施工管理软件的应用，可以将施工流程以三维模型和动画的方式展现在人们的面前，效果直观生动，可以让工人更好地了解工程项目特点，有利于进行项目的技术交底工作。不仅如此，BIM 技术施工管理软件还可以帮助管理者对工人进行培训，使他们在施工前对施工的内容、顺序和各项注意点有更加充分的了解。利用 BIM 技术进行复杂构件的数字化加工，即合理地将 BIM 技术运用于复杂构件上，对其进行数字化加工，或将预制技术与 BIM 技术更完美地组合运用在一起，那么施工企业在建造过程中将会变得更加安全、经济、准确。

BIM 技术的全面普及及其在建筑行业各个方面的应用，已经为施工企业在科技层面上的发展带来了难以想象的巨大影响，使建筑工程的集成化程度得到了很大提高。与此同时，BIM 技术也为施工企业未来的发展带来了十分可观的效益。整个工程的规划阶段、设计阶段、施工阶段甚至是施工过程的质量和效率方面相较之前都有了非常显著的提升，大大加快了行业的发展步伐。因此我们可以看出，将BIM技术进行成熟的运营和推广一定会让施工企业从科技创新和生产力方面都得到让人意想不到的收益。

（四）运维阶段

在工程全生命周期管理中，项目的运营阶段在整个完整的项目周期中所需时间最长，也是工程项目管理中最为重要的一个阶段，它可以直接影响一个工程建筑物最终的质量，是成败的关键因素。因此，想要保障一个项目的施工运营安全，首要的任务就是制订出一套完善的管理方案，设施管理主要服务于建筑全生命周期，在规划阶段就必须将建设和运营维护所需的成本以及功能要求充分考虑在内。与此同时，设施管理将行为科学、工程技术、管理科学以及建筑科学等多种学科理论综合运用起来，把空间、人、流程结合起来共同管理。

在运营阶段，BIM技术对于工程项目的意义具体有以下几个方面：

（1）信息表达便捷化。利用BIM模型的可视化特点，通过相关软件便捷的输入和输出功能，可以轻松地使用操作系统运维管理。

（2）数据存储简捷化。使用BIM系统管理工作信息和模型，不仅能保证工程信息在运维阶段的传播，同时也可以确保数据存储无纸化、轻量化，查询信息方便快捷。

（3）数据关联同步化。BIM系统自动统计模型信息的特点，在维持运营管理信息和数据一致性方面作用很大。BIM模型的协作共享平台将建筑不同性质的数据表达出来，促进了各参与方相互之间的合作并满足了不同管理方面的需求，最终达到有效利用空间的目的。

在运维阶段的各项管理系统中充分合理地运用BIM技术，对于建筑项目全生命周期的发展有着非常重要的影响和意义，这样我们才能便捷快速地实现运营阶段的高效管理。

（1）在空间管理方面，BIM技术主要应用于照明、消防等各系统和设备的空间定位上，获取各系统和设备空间位置信息，把原来的编号或者文字表示变成三维图形位置，直观形象且方便查找。

（2）在设施管理方面，BIM技术主要应用于设施的装修、空间规划和维护操作，还可对重要设备进行远程控制。对于隐蔽工程，BIM技术可以管理复杂的地下管网，如污水管、排水管、网线、电线及相关管井，并且可以在图上直接获得相对位置关系。在改建或二次装修的时候可以避开现有管网位置，便于管网维修以及设备更换和定位。内部相关人员可以共享这些电子信息，发生变化时可随时调整，保证信息的完整性和准确性。

（3）在应急处理方面，BIM 技术管理不会有任何盲区。在公共建筑、大型建筑和高层建筑等人流聚集区域，突发事件的响应能力非常重要。传统的突发事件处理仅仅关注响应和救援，而基于 BIM 技术的运维管理系统对突发事件的管理包括预防、警报和处理。以消防事件为例，该管理系统可以通过喷淋感应器感应信息；如果发生着火事故，在商业广场的 BIM 信息模型界面中，火警警报就会被自动触发；系统能够立即定位并显示着火区域的三维位置和房间，控制中心可以及时查询相应的周围环境和设备情况，这都能为及时疏散人群和处理灾情提供重要信息。通过 BIM 系统可以迅速确定设施设备的位置，避免了在浩如烟海的图纸中查找信息，如果处理不及时，将酿成灾难性事故。

（4）在节能减排方面，BIM 与物联网技术结合，使日常能源管理监控变得更加方便。通过安装具有传感功能的电表、水表、煤气表，可以实现建筑能耗数据的实时采集、传输、初步分析、定时定点上传等基本功能，且具有较强的扩展性。系统还可以实现室内温湿度的远程监测，分析房间内的实时温湿度变化，配合节能运行管理。管理系统还可以及时收集所有能源信息，并且通过开发的能源管理功能模块对能源消耗情况进行自动统计分析，比如各区域、各户主的每日用电量、每周用电量等，并对能源使用的异常情况进行警告或者标识。

三、应用案例

目前，中国建设量大、建筑业发展快，同时建筑业需要可持续发展，施工企业也面临更严峻的竞争。在这个背景下，国内建筑业与BIM结缘具有必然性。我国的 BIM 应用虽然刚刚起步，但发展速度很快，许多企业都有了非常强烈的 BIM 意识，出现了一批 BIM 应用的标杆项目，特别是在一些大型复杂的工程项目中，BIM 得到了成功应用。

（一）500米口径球面射电望远镜（FAST）

500米口径球面射电望远镜（Five-hundred-meter Aperture Spherical radio Telescope，FAST），位于贵州省黔南布依族苗族自治州平塘县大窝内的喀斯特洼坑中，被誉为“中国天眼”，由我国天文学家南仁东于1994年提出构想，历时22年建成，2016年9月25日落成启用。FAST是由中国科学院国家天文台主导建设，具有我国自主知识产权，世界最大单口径、最灵敏的射电望远镜。

FAST口径500米，面积约30个足球场大小，而在工程师的图纸上，它是由46万块三角形单元拼接而成的球冠形主反射面，内置可移动变位的复杂结构索网系统。与被评为人类20世纪十大工程之首的美国300米望远镜相比，其综合性能提高了约10倍，FAST将在未来20~30年保持世界领先地位。

FAST项目在“Be创新奖”上获得了“推进基础设施维度发展特别荣誉奖”和“结构工程领域创新奖”两项大奖，是BIM技术在建筑应用中的里程碑。以往的获奖项目多来自水电行业，而此时我国建筑行业BIM技术得到广泛的推广应用，该项目的获奖意义重大。

FAST项目能够出色地完成并斩获大奖，分析其原因，主要有以下三点：

（1）项目自身结构体系先进，加之BIM技术的应用，并重视索网结构优化设计。通过利用三维可视化及优化分析技术对几千个节点进行优化，节省了很大的工作量，进而节省了大量经费。若采用传统方式，工程项目不仅具有很大的工作量，而且将耗费庞大的经费。

（2）FAST项目全过程使用BIM技术，且重点控制施工阶段。虽然该项目位于偏远山区，施工难度很大。但是，利用BIM技术模拟各施工阶段，施工方能够提前了解项目施工过程中应重点关注的问题，有助于后续施工进行进度及安全控制。

（3）基于BIM技术建立了施工全过程信息管理平台。梳理结构工程领域的BIM应用，将BIM模型、具体节点信息、进度信息、安全信息和专用图库等关键信息导入平台，转化成可直观理解、易于操作和实施的内容。基于Bentley协同设计平台的Project Wise管理平台由与各部门对接的子系统和云服务系统组成，主要负责各部门内和各部门之间信息及数据的交流和传递，直接影响FAST项目的工程进度和工程可靠性。因此针对该问题，可以专门配备

Project Wise 部门。其主要工作是根据其他部门上报的权限特点，并结合软件特点制定系统管理权限规则和维护系统的正常运作。Project Wise 管理平台通过数据接口从不同软件中对 FAST 项目的关键信息予以收集、更新、管理和应用，使 BIM 信息能够在各专业之间和上下游之间顺畅传递。系统将设计阶段的 BIM 模型交付给下游制造单位，直接用于二维深化制造图的生成和构件的数控加工；将设计阶段的 BIM 模型交付给下游施工单位，为施工阶段的管理和成本控制奠定了坚实可靠的基础。BIM模型延续到施工阶段，信息不断完善，充分发挥了 BIM 的价值。

Project Wise 管理平台协同设计，提供了一个多专业、多终端同时协同工作的环境，在设计过程中及时了解相关专业、方案的设计意图，使设计方可以用灵活、主动的方式完成设计过程，从而极大地提高工作效率。项目设计完成了馈源系统、格构圈梁系统、索系统和反射面系统的三维设计工作，完成的主要成果有馈源塔、馈源舱、格构柱、圈梁、索网、索盘、反射面方案的三维固化模型、二维切面图、三维设计图册、三维汇报视频等。

通过与 Project Wise 管理平台的结合，使原本需要 5 年的科研设计，在使用 ABD 三维设计模块后，设计时间缩短为 3 年，且设计错误率减少了 90%，同时设计深度增加了 50%。

基于 Project Wise 平台并结合 Bentley 相关软件和其他第三方软件，完成了对 FAST 的全生命周期 BIM 模拟，为实际工程节约资金 2000 万余元，缩短工期约 3 年。在应用软件的过程中，Bentley 软件在三维精确制图中的强大功能，为工程的顺利进行提供了条件。

（二）上海迪士尼乐园

上海迪士尼乐园超过 70% 的项目建设都基于 BIM 环境，这使大型项目得以同时开展，从而提升了效率。协同工作的项目团队能够利用 BIM 这种“生态系统”的资源共享、技术支持、合作机制及知识分享功能获益，项目应用 BIM 的另一个好处就是 BIM 帮助迪士尼管理团队有效整合项目各参与方及由此涉及的 140 多个不同专业领域。这也使上海迪士尼乐园在投标阶段就大幅减少了设计变更，通常情况下迪士尼管理团队遇到该类项目时的设计变更数量平均为 3000 个，而在该项目中只有 360 个。

无纸化倒逼施工现场管理阶段大量的施工技术资料采用可视化及有序的方式进行管理，并且在此基础上对工程项目各个参与方的组织形式进行优化，让所有的施工成员都可以迅速地找到自己所需要的东西，并且可以让各个成员之间进行密切的配合，不会出现传统沟通方式下信息不对称造成的分歧、时间拖延等情况。无纸化还可以使沟通成本降到最低，工程参与者们可以在跨部门、跨专业的沟通过程中尽可能地保持配合的流畅，确保良好的施工进度节奏和技术实施落地程度，从而降低管理成本、推动项目产生效率，这有利于从整体上对项目的各项质量指标和各项成本进行把控。

出于项目设计、施工一体化方面的考虑，无纸化平台在上海迪士尼工程项目的建设实践中得到了充分的应用。由于项目造型特异且钢结构复杂、施工精度要求高、业主要求严格，再加上项目大环境的特殊性，需按照迪士尼工程异于其他国内项目的技术标书进行。这些新技术、新方法的尝试，在实践中得到了很好的验证。项目集合汇集了各种前沿技术成果和多年管理经验，并在实施过程中不断地加以改善，对未来国内项目具有示范意义，同时对BIM技术在国内如何更好地推广和落地也起到了标杆作用。

上海迪士尼的标志性景点——奇幻童话城堡，成功应用了BIM技术，获得了美国建筑师协会的“建筑实践技术大奖”。借助BIM技术，迪士尼工程人员不用手拿图纸，带个iPad就可进行现场管理，三维视图让施工错漏一目了然，避免了返工浪费。

上海迪士尼奇幻童话城堡位于梦幻乐园的中心地块，是一座集娱乐、餐饮、会展功能于一体的主题建筑，该项目总建筑面积为10510 ㎡，建筑高度21m，最高塔顶高度46m，地下室面积约为3000 ㎡。奇幻童话城堡在BIM的应用上应该说是全方位的，从项目初期开始就完全通过Revit软件来建立模型，而不是像一般国内项目为配合施工过程管线综合来建立碰撞模型。城堡的BIM模型是完整的，各专业通过BIM技术进行协调设计，并最终完成出图，一切过程都搭建在Revit平台上。该项目空间不大，各专业系统错综复杂，较传统设计增加了许多新的系统，如水专业的水景管线、暖通专业的压缩空气及电气专业满足娱乐设备的配电桥架。另外，业主对室内装饰严格控制，这使传统的二维绘图方式无法满足该项目的要求。因此，尝试基于Revit平台通过BIM技术的应用，为图纸绘制、管线综合、碰撞检测及施工指导提供了新的途径。

上海迪士尼奇幻童话城堡从一开始就是基于Revit平台设计的，因此需要用Revit出图。Revit出图有两种方式：一种是将模型根据平面导出dwg文件，再将这些文件参照进CAD文件，添加标注后用CAD打印出图；另一种是基于Revit平台生成图纸后直接出图。两种方法各有优缺点，前者是用CAD平台，加标注较为简单直接，缺点是需要模型导出，如果模型修改了则无法实时反映到图纸中；后一种方法不存在同步的问题，但在生成图纸、增加标注的过程中会产生巨大的工作量。

作为建筑物主体工程，钢结构在BIM工作中占据着相当重要的位置，在BIM整合过程中，确定好大地坐标、定位轴线后，钢结构模型是最初的导入模型，其后融入其他模型。

通过BIM软件对施工进程的精确模拟，设计团队可以为度假区内许多建筑物及基础设施选择最佳设计方案，并整合施工进度计划。这些手段不仅有利于改善执行面的设计，而且能够最大限度地降低施工用料的消耗，减少对环境的影响。

（三）上海中心大厦

上海中心大厦是上海市的一座超高层地标式摩天大楼，其设计高度超过了附近的上海环球金融中心。项目面积为433954平方米，建筑主体为118层，总高为632米，结构高度为580米，机动车停车位布置在地下，可停放2000辆车。2008年11月29日，上海中心大厦进行主楼桩基开工。2016年3月12日，上海中心大厦建筑总体正式全部完工。2016年4月27日，上海中心大厦举行建设者荣誉墙揭幕仪式并宣布分步试运营。2017年4月26日，位于大楼第118层的“上海之巅”观光厅正式向公众开放。美国SOM建筑设计事务所、美国KPF建筑师事务所及上海现代建筑设计集团等多家国内外设计单位提交了设计方案，美国某建筑设计事务所的“龙型”方案中标，大厦细部深化设计以“龙型”方案作为蓝本，由同济大学建筑设计研究院完成施工图出图。

上海中心大厦作为标志性的超高层建筑体，依靠3个相互连接的系统保持直立。第一个系统是90英尺 ×90英尺（约合27m×27m）的钢筋混凝土芯柱，提供垂直支撑力。第二个系统是钢材料“超级柱”构成的一个环，围绕钢筋混凝土芯柱，通过钢承力支架与之相连。这些钢柱负责支撑大楼，抵御侧力。第三个系统是每14层采用一个2层高的带状桁架，环抱整座大楼，每一个桁架带标志着一个新区域的开始。

上海中心大厦存在机电系统数量庞大，大型设备数量多、分布广，设备垂直关联关系复杂，设施设备管理组织困难，空间相互交叉，各专业间需相互协调管理等一系列问题。经过充分的调研和思考，上海中心大厦自上而下制订了完备的整体解决方案。利用先进的系统架构，通过接入将近25万个设备信息点，并且整合BIM、IBMS、物业等业务系统，打通了各业务系统之间的业务流程。通过引入全周期的建筑信息模型（BIM），不仅在设计、施工阶段大量采用BIM信息化技术进行项目管理，更是在运维管理阶段将BIM信息模型与综合集成管理系统（IBMS）、设施设备管理系统、物业管理系统相整合，构建成绿色智慧的运营管理平台，形成集结构、系统、服务、管理于一体的、新型的超高层运维管理服务模式，实现对设施设备的4D实时动态监控管理，提高工作管理效率。通过BIM模型及静态属性信息、设施设备管理信息、设施设备实时状态信息、物业工作流程管理信息的融合，基于信息对比、分析、统计、数据挖掘等技术，为物业运营管理提供决策支持。构建运维BIM模型，根据运维需求定义各要素之间的专业逻辑关系，通过大数据分析，提供楼宇运行自适应解决方案等，提高运营管理效率，最终形成高效、绿色、节能、智慧、人文的超高层建筑管理模式。

主持该方案设计的美国建筑设计事务所一开始就在BIM环境下工作。整个BIM实施过程管控的核心团队只有3个人，他们负责监督整体项目交付及进度一致性。管控力的加强与重复性工作的减少，使上海中心大厦的施工只花了73个月就完成了57.6万m²的楼面空间建设，比类似项目工期加快了30%。

本项目由专业公司应用BIM技术来进行管线的进一步综合，BIM的管线设计依据主要来源于管线综合施工图，而BIM报告的结果又作为管线综合施工图的修改依据。因此综合管线图会与BIM应用动态协调并保持一致。通过BIM技术的应用，可以在三维模型中调整各种碰撞，各专业均在可视化的窗口下进行管线调整，管线综合实在做不出来时，可以结合景观专业，通过调整覆土深度、局部改变景观造型等加以实现。当遇到需要进行重大调整的问题时，先提出预解决方案，各专业工程师相互协调，对三维模型进行调整，确定解决方案，待各专业确认后，再对模型进行修改。修改后与中心文件同步即可判断碰撞是否解决。因BIM调整具有直观性，在协调过程中，主要依靠BIM进行动态调整。设计师从规范、系统方面进行审核，施工方从现场条件、施工要求等方面进行复核，各参与方通力协作，及时有效地解决问题。

本项目也体现出了BIM技术在室外工程应用中存在的问题。

1. 族库尚需完善

虽然Revit自带族库，但是在设计过程中发现自带的族无法满足设计需要，如缺少管道连接方式及阀门、设备类型不全等，不能满足设计的需求。

2. 碰撞检测

除了对计算机硬件要求较高之外，Revit的碰撞检测功能在实际应用中也会出现“未找到完好的视图”等情况，或者由于管线在有限的空间内上下层叠，实际应用过程中出现无法找到合适的视图显示管线碰撞点的情况，需要手动进行查找。

3.BIM设计师的专业技术水平有待加强

BIM设计师一般仅是机电类专业中的某一专业或是计算机专业，对其他机电相关专业的理解水平有限，导致在建立模型时，不能进行管线的合理优化调整，很多时候需要各设计单位工种在一起协商解决，影响了工作效率。

4.BIM的介入时间非常重要

本项目室外工程的BIM介入时间比较晚，BIM介入后，对很多管线进行了重新布置设计，这导致工作量大幅增加。

5.BIM在室外工程应用

甲方或施工单位未能认识到BIM在室外工程应用中的作用，一般仅做室内管线的BIM设计，室外管线的BIM技术应用非常少。

6.BIM设计

BIM设计在国内已不是一项新技术，设计行业一直把BIM看成行业革新的发起者。然而BIM从2002年进入中国至今已有十几年时间，人们都承认这是一项好技术，但是在项目推进过程中，BIM模型却没有取得应有的效果，很多施工方基于自身利益考虑抵触BIM的应用，有些项目中BIM并不用于指导施工，仅仅是形式而已。

（四）北京凤凰国际传媒中心

凤凰国际传媒中心项目位于北京朝阳公园西南角，占地面积 1.8 hm²，总建筑面积为 6.5 hm^2，建筑高度为 55m。建筑的整体设计逻辑是用一个具有生态功能的外壳将能够独立维护使用的空间包裹在里面，体现了楼中楼的概念，两者之间形成了许多共享型公共空间。在东西两个共享空间内，设置了连续的台阶、景观平台、空中环廊和通天的自动扶梯，使整个建筑充满了动感和活力。

建筑造型取意于“莫比乌斯环”，这一造型与不规则的道路方向、转角以及朝阳公园形成和谐的关系。连续的整体感及柔和的建筑界面和表皮，展现了凤凰传媒的企业文化形象的拓扑关系，而南高北低的体量关系，既为办公空间创造了良好的日照、通风、景观条件，避免了演播空间的光照与噪声问题，又巧妙地避开了对北侧居民住宅的日照遮挡。此外，整个建筑也体现了绿色节能和低碳环保的设计理念。建筑外形光滑，没有设一根雨水管，表皮的雨水顺着外表的主肋被导向建筑底部连续的雨水收集池，经过集中过滤处理后用于提供艺术水景及庭院浇灌。建筑具有单纯柔和的外壳，除了其自身的美学价值之外，也有缓和北京冬季高层建筑所带来的强烈的街道风效应的作用。建筑外壳同时又是一件“绿色外衣”，它为功能空间提供了气候缓冲空间。建筑的双层外皮很好地提高了功能区的舒适度，并降低建筑能耗。设计者利用数字技术对外壳和实体功能空间进行量体裁衣，精确地吻合彼此的空间关系。利用 30 米的高差和下大上小的烟囱效应，在过渡季中，共享空间可以形成良好的自然气流组织，节省能耗。

2008 年，BIM 还不像现在这么普及。该建筑形体是非线性的——迫使项目团队寻求全新的工作方法及后续的更详细的 3D 模型。当时，方案在实施方面遇到了一些困惑。这个外壳设计通过二维图纸已经无法展现了。幕墙部分由 3100 多块组成，每一块幕墙都是不同的，根本不可能逐一画出来。而钢结构也有几万米的长度，每段都不同，尽管外观界面一样粗，但因为受力面不同，每一段都存在差异。

通过 BIM 软件可以有效地解决设计和施工中存在的问题。项目利用 BIM 技术在虚拟环境中对建筑进行信息模拟的数字化模型，包含具体而精确的建筑信息，建筑师可以不通过二维图纸的信息转换直接在三维数字平台中进行复杂形体建筑的创建和调整。对于复杂形体建筑中存在的众多二维表达所不能描述的复杂空间及复杂几何信息，利用BIM三维可视的特点，可以对其效果进行先期验证。因此，项目的BIM模型是与项目的设计同时建筑构件的建造、生产同步更新的，这使所有建筑构件的完成效果与模型控制效果一致。

BIM模型中所有建筑系统及其所包含的建筑构件的数据信息均严格依据一套复杂的几何定义规则建立，使这些数据信息具有可描述、可调控、可传递的特征，为后续的设计优化调控和设计信息的准确传达奠定了基础。可描述的数据是指自由曲线和不规则形体在三维空间中通过矢量化方式得到定义，保证组成图形的每个几何元素都具有精确的数据信息，这些信息能够通过条件预设得到有计划的输出。可控制的数据是指在几何图形以矢量化得到描述后，通过参数预设进行人工控制，以达到理想的设计。凤凰中心几何控制系统本身的建构就是基于可调整的参数化技术完成的。可传递的数据指描述物体的矢量化几何信息能够转化成为某种通用格式，成为信息传递的前提。在设计过程中，建筑专业为结构专业提供的外壳钢结构梁的几何中心线作为结构计算模型的基础，极大地提高了结构计算的精准度。

高质量的建筑信息模型使建筑师不必再凭借抽象思考进行设计，建筑模型中的复杂关系，尤其是不规则曲面构件间的位置关系、比例尺度都与现实建造保持一致，建筑师可以在虚拟环境下真实解决建造问题，进行美学推敲和空间体验。这一技术手段大大提高了复杂形体的设计效率，同时保证了最终设计成果的精度，推动了BIM在建筑设计中的作用。

（五）中国尊

中国尊，位于北京商务中心区核心区域，项目用地面积11478㎡，总建筑面积43.7万㎡，其中地上35万㎡，地下8.7万㎡，建筑总高528m，建筑层数地上108层、地下7层（不含夹层），可容纳1.2万人办公，为中信集团总部大楼，预计总投资达240亿元。

中国尊项目从破土动工至今已创造了多项纪录：基坑深40m；地下8层（7层和1个夹层）；国内底板混凝土一次性浇筑方量最大，达5.6万m^3；世界首个在8度抗震区建造的超500m摩天大楼；该项目所采用的智能顶升钢平台是世界房建施工领域面积最大、承载力最高、大型塔机一体化的超高层建筑施工集成平台。创造了如此多的纪录，BIM 技术功不可没。

中国尊项目采用 Project Wise 作为项目工作和交互的基础平台，该平台同时承担本公司内部的设计工作以及业主、施工方、顾问方的信息数据流转工作。项目的设计过程是按照设计模式的工作系统划分进行的，其建筑设计控制系统是决定项目 BIM 模型的结构、分类、层级以及设计团队、文件、管理等内容的共同的内在逻辑依据，也是项目施工、监理、使用、维护等工作的参考逻辑依据，由此设计制定了项目设计手册和项目编码手册，并成为 BIM 工作在设计阶段的标准依据。同时，项目还聘请了国际一流的幕墙、照明、交通、景观等专业设计顾问公司，涉及部门众多，包括设计、设计顾问和专项顾问。在设计阶段，相关方已包含全球 40 多家公司和部门。而 BIM 的应用需要协调各方的 BIM 模型，将各方的 BIM 模型数据进行整合协调，以完成项目设计各方在 BIM 层面上的协同工作。

在一个项目中，BIM 的应用需要各种软件的配合使用，只采用一种软件或一个厂商的软件产品都是不切实际的。仅仅建立模型这一过程，不同的专业就需要采用不同的软件，同一专业在不同的阶段也会根据需要选取不同的软件。

（1）Autodesk Revit：负责主体建筑、结构、机电模型的建立。

（2）Catia：提供 sat 格式交换文件，负责部分内部建筑构件建模，包含楼梯、扶手，通过体量导入 Revit 模型。

（3）Tekla：负责钢结构建模，提供 ifc 格式交换文件，导入 Revit 体量文件。

中国尊项目的业主对应用 BIM 的目标很明确：加快建设进度，缩短工期、降低成本，为大楼运维提供数据基础。这也是中国尊项目的 BIM 工作可以顺利展开的基础。从实施过程来看，BIM 不是一个专业、一个公司的事情，需要项目全体相关方参与，即使是在设计阶段，做好 BIM 工作也不仅仅是设计方的事情。从这个角度来说，BIM 的协调和整合工作越来越重要。也许可以这样理解：项目实施 BIM 的过程，本质上是协调的过程，包括对流程的协调、对各方知识的协调、对数据信息的协调。随着技术的不断进步、标准化的不断推进，这个过程将会越来越顺利。

在项目的开发建设中，BIM 技术的引入是从业主方的项目管理需求开始的，完成了整体策划和初步设计阶段的BIM成果。从BIM技术在项目中的应用实践这个角度看，在技术与管理的协同层面，更加容易理解BIM的价值。但从项目管理这个角度来看，BIM技术对应的项目管理模式是整体交付模式，即IPD（Integrated Project Delivery），只有从“零和博弈”理念下的契约关系转变为“多赢”理念下的伙伴关系，通过系统集成和充分协同才能充分发挥BIM的价值。在中国现行的建筑管理体制下，EPC项目管理模式仍然无法实施，因此，对单个项目而言，BIM技术的有效推动力量主要来自业主，业主对项目管理的整体规划非常重要。要做到设计本身的各个阶段及设计阶段与施工阶段的“无缝衔接”，需要在管理流程和管理模式上有所创新，但这种创新的压力不仅来自惯性思维的制约，还受制于建设管理体制的制约，需要全社会、全行业共同推进。

（六）成都绿地中心

成都绿地中心项目位于成都东部新城文化创意产业综合功能区核心区域，总占地面积为30万平方米，规划总建筑面积约138万平方米，总投资规模达120亿元，配套住宅用地为219亩，规划建设成为高品质居住社区。成都绿地中心是绿地集团计划用5年时间打造的一个集甲级写字楼、国际会议中心、品牌商业、星级酒店、文化娱乐街区、创意产业园区等于一体的大型现代服务业综合项目。中心主塔的高度将达到前所未有的468m。

本项目依托鲁班BIM系统生成的BIM模型，实现了模型自动化处理、钢结构数字化建造、资源集约化管理、工程可视化管理、施工过程信息智能管理。在具体实施应用中，有效解决了施工中遇到的难题。利用BIM多专业模型整合，已累计校核及提供各专业疑问1100余项、协调及组织解决400余项，解决净高不足83处、重点节点深化152处、避免洞口错开130处，BIM成果累计达3000余项。为了保证根基施工的准确性，在基础施工前对筏板图纸进行深化，累计优化34处，关键线路每处至少节省工期0.5个工作日，合计节省工期近16天。

通过互相协调合作，该项目将BIM技术落地于实际施工指导，并在以上运用点以外进行了其他相关的应用，如垂直运输方案模拟分析、地下室结构与围护结构施工作业预警分析、基于BIM系统多专业协同应用、交叉作业风险分析等，以上BIM技术的深入应用，使建设项目得以更加顺利地进行，更好地实现了对项目工期、质量、成本三大目标的管控。

第二节 BIM 结构设计工具

设计阶段中结构设计和建筑设计紧密相关，结构专业除需要建立结构模型与其他专业进行碰撞分析之外，更侧重于计算和结构抗震性能分析。根据结构设计中的使用功能不同，BIM 结构设计工具主要分为三大类。

1. 结构建模软件

以结构建模为主的核心建模软件，主要用来在建筑模型的轮廓下灵活布置结构受力构件，初步形成建筑主体结构模型。对于民用住宅和商用建筑常用 Revit Structure 软件，大型工业建筑常用 Bentley Structure 软件。

2. 结构分析软件

基于 BIM 平台中信息共享的特点，BIM 平台中结构分析软件必须能够承接 BIM 核心建模软件中的结构信息模型。根据结构分析软件计算结果调整后的结构模型也可以顺利反馈到核心建模软件中进行更新。目前，与 BIM 核心建模软件能够实现结构几何模型、荷载模型和边界约束条件双向互导的软件很少。能够实现信息几何模型、荷载模型和边界约束条件最大限度互导的软件也是基于同系列软件之间，如 Autodesk Revit Structure 软件和 Autodesk 公司专门用于结构有限元分析的软件 Autodesk Robot Structure Analysis 之间。在几何模型、荷载模型和边界约束条件之间的数据交换基本没有较多的错误产生。在国内，Robot 参与了上海卢浦大桥、卢洋大桥、深圳盐田码头工程、上海地铁、广州地铁等数十个国家大型建设项目的结构分析与设计。上海海洋水族馆、交通银行大厦、深圳城市广场、南宁国际会议展览中心等优质幕墙结构分析中也有 Robot Structure 的突出表现。但由于 Robot 在我国缺乏相应的结构设计规范，因此在普通民用建筑结构分析领域中较难推广。

其他常见软件也可以在不同深度上实现结构数据信息的交换，如 ETABS、Sap2000、Midas 以及国内的通用结构分析软件 PKPM 等。

其中，为了适应装配式的设计要求，PKPM 编制了基于 BIM 技术的装配式建筑设计软件 PKPMPC，提供了预制混凝土构件的脱模、运输、吊装过程中的计算工具，实现整体结构分析及相关内力调整、连接设计，在 BIM 平台下实现预制构件库的建立、三维拆分与预拼装、碰撞检查、构件详图、材料统计、BIM 数据直接接生产加工设备。PKPMPC 为广大设计单位设计装配式住宅提供设计工具，提高设计效率，减小设计错误，推动了住宅产业化的进程。

3. 结构施工图深化设计软件

结构施工图深化设计软件主要是对钢结构节点和复杂空间结构部位专门制作的施工详图。20 世纪 90 年代开始 Tekla 公司产品 Tekla Structure（Xsteel）软件开始迅速应用于钢结构深化设计。该软件可以针对钢结构施工和吊装过程中的详细设计部位自动生成施工详图、材料统计表等。Xsteel 软件还支持混凝土预制品的详细设计，其开放的接口可以实现与结构有限元分析软件进行信息互通。

第三节 基于 BIM 的结构设计关键技术

一、传统结构设计

目前，国内传统的工程设计主要是在 CAD 的基础上进行的，按照二维的设计理念和方法进行各专业的工程设计，最终将设计的二维施工图样作为设计成果供施工单位使用。在结构设计中，结构施工图设计和结构计算是两个不关联的环节，当发生设计变更，重新进行结构计算时，就要重新进行结构施工图设计，增加了大量重复的改图工作量。传统结构设计主要分为三个阶段：方案设计阶段、初步设计阶段和施工图设计阶段。

1. 方案设计阶段

在方案设计阶段主要由结构专业负责人实地踏勘，收集地质相关资料，了解业主需求，再根据建筑专业负责人提供的初步方案设计依据及简要设计说明，综合研究分析后，向建筑专业提出相关方案调整意见，作为建筑专业初步设计阶段的设计依据。这一阶段，结构专业的主要作用是详细了解项目相关影响结构设计的主要因素，结合设计经验，选择相对合理的结构设计方案，再配合建筑专业为其提供设计依据，最后制订完整的项目方案，用于设计单位作为项目投标的主要内容。在方案设计阶段，结构专业一般没有具体图样，但是要有结构设计方案说明，准确简洁地说明所选择的结构设计方案的合理性和可行性。

2. 初步设计阶段

在初步设计阶段主要由结构专业负责人首先接收建筑专业方案设计评审意见等资料，经研究分析后确定项目主要结构体系。下一步接收其他各专业的设计资料，了解主要设备尺寸及质量等条件，并开始进行结构设计初步工作。此阶段还需要结构专业在确定主要结构体系后，向各专业反馈修改意见及初步估算的主要结构构件基本位置和控制尺寸范围等有效资料，作为各专业的设计依据。这一阶段结构专业应尽量确定多种结构构件基本尺寸范围，确定后的结构体系不宜再修改变动，为施工图设计阶段的设计和绘制施工图工作做好充分的准备。

3. 施工图设计阶段

结构专业在施工图设计阶段的主要工作是对建筑结构进行分析计算，再根据计算软件输出的结果对结构构件进行合理的配筋，并对部分结构构件的设计不合理之处进行细微的调整。这一阶段工作任务较重且需要反复与各专业间互提设计资料以确保结构设计准确，以免与各专业设计发生碰撞。施工图绘制完毕后，设计人员需要先对设计进行自检，认真查看计算条件输入是否正确、结构构件配筋是否符合标准、构件尺寸标注是否完整、设计说明是否遗漏、设计图布局是否合理等。自检完成后，将施工图打印成白图，结构计算书打印成册，交给校对负责人进行校对并沟通交流，然后对设计图按照意见认真、反复修改和再校对合格后，将完整设计图和计算书交给审核人进行审核签字，最后施工图出图，将结构设计专业全部设计文件归档保存。

二、基于BIM的结构设计

为提高传统建筑结构设计质量，应用 BIM 技术势在必行，通过对 BIM 技术应用于结构设计中的分析，利用 BIM 技术的主要特点和优势对传统结构设计做出适当的优化。

基于 BIM 技术的结构设计只需要建立一个模型，不同阶段不需要重复建模，而是将各自的设计信息通过工作集的方式高度集成于同一模型中，开展协同设计，以便随时随地地交流设计意见，减少变更，从而消除传统意义上的“信息断层”问题，进一步提高设计效率。

1. 方案设计阶段

基于 BIM 的结构方案设计阶段的流程。

结构专业首先根据建筑专业提交的方案模型，结合项目实际结构设计基本条件，开始进行结构方案设计建模。方案模型建模完成后，对结构模型进行计算分析，根据分析结构对结构设计进行调整和修改，再进行审核。然后各专业的方案模型数据汇总组合，专业间根据汇总模型进行设计协调并调整和修改，进入初步设计阶段。

2. 初步设计阶段

进入结构初步设计阶段后，结构专业和建筑专业及其他专业首先互相提交方案模型，然后根据其他各专业的方案模型并结合项目实际地勘报告情况和荷载信息开始进行结构初步设计建模。建模过程中，结构专业和其他专业还需要随时互提设计模型，根据其他专业的设计模型进行结构构件位置和尺寸初步设计及设备孔洞的初步预留。初步设计模型完成后，对结构模型进行计算分析，根据分析结果对结构设计进行调整和修改，再进行审核。接着将各专业的初步设计模型数据进行汇总整合，专业间根据汇总模型进行设计协调并对模型设计进行调整和修改，然后进入施工图设计阶段。

3. 施工图设计阶段

进入结构施工图设计阶段后，各个专业主要工作仍然是互相提交初步设计模型，然后根据其他各专业的初步设计模型并结合项目实际的地基条件、风荷载、雪荷载、地震动参数等，开始进行结构施工图设计建模。建模过程中，结构和其他专业还需要随时互提设计模型，进行结构构件位置和尺寸精确设计及设备孔洞的精确预留。施工图设计模型完成后，对结构模型进行计算分析，并根据分析结果对结构设计进行调整和修改，再校对审核。然后对各专业的设计模型数据进行汇总整合，专业间根据汇总模型进行设计协调并调整和修改，完成结构施工图设计模型。由结构施工图设计模型直接生成部分二维施工图，通过二维软件对结构构件和复杂节点等细节处进行施工图深化设计。深化设计后对结构施工图设计模型和二维施工图进行校对审核，最后交付。

三、传统的结构设计与基于BIM的结构设计的对比

传统的结构设计是一种基于二维图档的工作模式。第一，通过建筑图样初步了解建筑方案；第二，利用结构建模软件，按照建筑图样进行结构建模，通过布置荷载、设置参数，建立结构设计模型；第三，调整设计参数，进行分析计算；再进行结构校核，并反馈给建筑设计；第四，绘制结构施工图。由于二维图之间缺乏关联性，因此难以保证信息的一致性。

基于 BIM 的结构设计在设计流程上不同于传统的结构设计，产生基于模型的综合协调环节，弱化设计准备环节，增加新的二维视图生成环节。

基于 BIM 的结构设计与传统结构设计相比，在工作流程和信息交换方面会有明显的改变。

从工作流程角度来看，主要是在整个设计流程中基于 BIM 模型进行专业协调，从而避免专业之间的设计冲突；基于模型生成的二维视图的过程替代了传统的二维制图，使得设计人员只需要重点专注 BIM 模型的建立，而不需要为绘制二维图纸耗费过多的时间和精力。

从信息交换的角度来看，主要是结构方案设计可以集成建筑模型，完成主要结构构件布置；也可以在结构专业软件中完成方案设计，然后输出结构 BIM 模型。

第四节　预制构件库的构建及应用

一、入库的预制构件分类与选择

1. 预制构件的分类方法

预制构件分类是预制构件入库和检索的基础，为使预制构件库使用方便，需依据分类建立构件库的存储结构，形成有规律的预制构件体系。

（1）按结构体系进行构件分类

装配式混凝土结构体系分为通用结构体系和专用结构体系。通用体系包含框架结构体系、剪力墙结构体系和框架—剪力墙结构体系。专用体系是在通用体系的基础上结合建筑功能发展起来的，如英国的 L 板体系、德国的预制空心模板体系、法国的结构体系等。目前，各地都开发了很多装配式混凝土结构体系，如江苏省研发了众多装配式混凝土结构体系并已经在一定程度上得到推广。

1）预制预应力混凝土装配整体式框架体系（SCOPE）

预制预应力混凝土装配整体式框架体系（以下简称 SCOPE）是南京大地集团引自法国的结构体系，采用先张法预应力梁和叠合板、预制柱，通过节点放置的 U 形筋与梁端键槽内预应力钢绞线搭接连接，并后浇混凝土形成整体装配框架。该体系分为三种类型：采用预制混凝土柱、预制预应力混凝土叠合梁板，并在节点处后浇混凝土的全装配混凝土框架结构；采用现浇混凝土柱、预制预应力混凝土叠合梁板的半装配混凝土框架结构；仅采用预制预应力混凝土叠合板的适合各类型建筑的结构。SCOPE 主要应用于多层大面积建材城、厂房等框架结构，2012 年试点建造了南京的 15 层预制装配框架廉租房。

2）预制混凝土体系（PC）和预制混凝土模板体系（PCF）

该体系是由万科集团向我国香港和日本学习的预制装配式技术，PC 技术就是预制混凝土技术，墙、板、柱等主要受力构件采用现浇混凝土，外墙板、梁、楼板、楼梯、阳台、部分内隔墙板都采用预制构件。PCF 技术是在 PC 技术的基础上将外墙板现浇，外墙板的外模板在工厂预制，并将外装饰、保温、窗框等统一预制在外模板上。

3）新型预制混凝土体系（NPC）

中南集团引进澳大利亚的预制结构技术，并将其改造成NPC技术。此体系为装配式剪力墙体系，竖向采用预制构件，水平向的梁、板采用叠合形式，下部剪力墙预留钢筋插入上部剪力墙预留的金属波纹管孔内，通过浆锚钢筋搭接连接。该体系的应用是在江苏南通海门试点建造了9幢7层住宅、4幢10层住宅、1幢17层住宅。

4）叠合剪力墙结构体系

此体系是元大集团引进德国的双板墙结构体系，由叠合梁板、叠合现浇剪力墙和预制外墙模板组成。叠合板为钢筋桁架叠合板，叠合现浇剪力墙由两侧各为50mm厚的预制混凝土板通过中间的钢筋桁架连接，并现浇混凝土而成。该体系的应用是2012年在江苏宿迁施工11层的试点住宅楼。

5）宜兴赛特新型建筑材料公司研发的新型体系

宜兴赛特新型建筑材料公司自主研发了预制装配框架结构及短肢剪力墙体系。预制梁、柱采用梁端与柱芯部预埋型钢的临时螺栓连接，并在节点现浇混凝土；预制墙顶及墙底预埋型钢，通过螺栓临时连接，并现浇混凝土。该体系的应用是2012年宜兴市拆迁安置小区建造了一幢装配短肢剪力墙安置房。

（2）按建筑结构内容进行构件分类

预制构件还可以根据建筑、结构、设备的功能综合细分，其侧重点不同。如按建筑结构综合划分可分为地基基础、主体结构和二次结构。

1）地基基础：场地、基础。

2）主体结构：梁、柱、板、剪力墙等。

3）二次结构：围护墙、幕墙、门、窗、天花板等。

2. 预制构件的选择策略

入库的预制构件应保证一定的标准性和通用性，才能符合预制构件库的功能。预制构件首先应按照现有的常用装配式结构体系进行分类，如上文所述，对于不同的结构体系主要受力构件一般不能通用，如日本的PC预制梁为后张预应力压接，而结构体系的梁为先张法预应力梁，采用节点U形筋的后浇混凝土连接，可见不同体系的同种类型构件的区别很大，需要单独进行设计。但是，某些预制构件是可以通用的，如预制阳台。

对于分类的预制构件，应统计其主要控制因素，忽略次要因素。对于预制板，受力特性与板的跨度、厚度、荷载等因素有关，可按照这三个主要因素进行分类统计。如预应力薄板，板跨按照300mm的模数增加，板厚按照10mm的模数增加，活荷载主要按照2.0kN/mm²、2.5kN/mm²、3.5kN/mm²三种情况统计，对预应力薄板进行统计分析，制作成预制构件并入库，方便直接调用。而对于活荷载超过这三种情况均需单独设计。对梁、柱、剪力墙而言，其受力相对于板较复杂，所以构件的划分应考虑将预制构件统计，并进行归并，减少因主要控制因素划分细致导致的构件种类过多，以此得到标准性、通用性强的预制构件。

在未考虑将预制构件分类并入库前，前述的分类统计在以往的设计过程中往往制作成图集来使用，在基于BIM的设计方法中不再采用图集，而是通过建立构件库来实现，并通过实现构件的查询和调用功能，方便预制构件的使用。入库的预制构件应符合模数的要求，以保证预制构件的种类在一定和可控的范围内。预制构件根据模数进行分类不宜过多，但也不宜过少，以免无法达到装配式结构在设计时多样性和功能性的要求。

二、预制构件的编码、信息分级与信息创建

1. 预制构件的编码

预制构件的分类和选择，只是完成了预制构件的挑选，但是构件入库的内容尚未完成。预制构件库以BIM理念为支撑，BIM模型的重点在于信息的创建，预制构件的入库实际是信息的创建过程。构件库内的预制构件应相互区别，每个预制构件需要一个唯一的标识码进行区分。预制构件入库应解决的两部分内容是预制构件的编码与信息创建。

2. 预制构件信息深度分级

基于BIM的预制构件的编码只是为了区分各构件，便于设计和生产时能够识别各构件，而真正用于设计和构件生产、施工的是预制构件的信息。因此，BIM预制构件的信息创建是一项重要的任务。在传统的二维设计模式中，建筑信息分布在各专业的平、立、剖面图中，各专业图的分立导致建筑信息的分立，容易造成信息不对称或者信息冗杂问题。而在BIM设计模式下，所有的信息都统一在构件的BIM模型中，信息完整且无冗余。在方案设计、初步设计、

施工图设计等阶段，各构件的信息需求量和深度不同，如果所有阶段都应用带有所有信息的构件运行分析，会导致信息量过大，使分析难度太大而无法进行。因此，对预制构件的信息进行深度分级是很有必要的，工程各设计阶段采用各自需要的信息深度即可。

3. 预制构件的信息创建方法

预制构件的信息创建应以三维模型为基础，添加几何信息和非几何信息。信息的创建包含构件类型确定及编码的设置、创建几何信息、添加非几何信息、构件信息复核等内容。

建筑全生命周期内预制构件的信息创建过程可分为两个阶段：预制构件库的信息创建；工程 BIM 模型中的构件生产、运输和后期维护阶段的信息添加。预制构件库是一个通用的库，在工程设计中，根据需要从构件库中选取构件进行 BIM 模型的设计，添加深化设计信息等，当无任何问题时，将 BIM 模型交付给施工单位用于指导预制构件的生产、运输和施工，这些环节中的信息及后期运营维护的信息均添加到此工程的 BIM 模型中，并上传到该工程的信息管理平台上。所以，预制构件库的信息创建过程集中在第一阶段，并一次创建完成；而预制构件深化设计信息、生产厂家信息、运输信息、后期的运营维护信息等均需添加在工程的 BIM 模型构件中，不能添加到预制构件库的预制构件中。显然，信息的添加是一个分段的动态的过程。工程 BIM 模型中的预制构件存储的信息很明显包含预制构件库中对应预制构件的所有信息，工程 BIM 模型中预制构件是通过调用构件库中的预制构件并添加信息得到的，添加信息时可以考虑之前未考虑的次要因素。因此，在创建预制构件的信息时应留足相应的信息设置，为工程 BIM 模型中的信息添加留出扩展区域。

预制构件信息创建的过程中，构件可以通过添加深化设计等信息重复调用到多个工程的 BIM 模型中，这说明预制构件具有一定的可变性。预制构件通过参数进行变化，具有一般的 BIM 核心建模软件中族的特性，但它与族又有本质区别：它的外形参数等只能在一定范围内，而且预制构件还含有诸如钢筋用量信息等相互区别的信息。

三、预制构件的审核入库与预制构件库的管理

1. 预制构件的审核入库

当预制构件的编码和信息等创建后，审核人员需对构件的信息设置等逐一进行检查，还需将构件的说明形成备注，确保每个预制构件都具有唯一对应的备注说明。经审核合格后的构件才可上传至构件库。

预制构件的审核标准应规范统一，主要审核预制构件的编码是否准确，编码是否与分类信息对应，检查信息的完整性，保证一定的信息深度等级，避免信息深度等级不足导致预制构件不能用于实际工程。同样也要避免信息深度等级过高，所含信息太细致，导致预制构件的通用性较低。

2. 预制构件库的管理

基于 BIM 的预制构件库必须实现合理有效的组织，以及便于管理和使用的功能。预制构件库应进行权限管理，对于构件库管理员应具有构件入库和删除的权限，并能修改预制构件的信息，对于使用人员，则只能具有查询和调用的功能。构件库的管理，主要涉及的用户有管理人员和使用人员。使用人员分为本地客户端、网络用户客户端、构件网用户。

本地构件库中心应具有核心的构件库、构件的制作标准和审核标准等。管理人员应拥有最大的管理权限，能够自行对构件进行制作，并从使用人员处收集构件入库的申请，并对入库的构件进行审核。管理人员可对需要的构件进行入库，对已有的预制构件进行查询，并对其进行修改和删除操作。本地客户端不需要通过网络链接对构件库进行使用，用户的权限比管理员的权限低，只具有构件查询、构件入库申请及用于 BIM 模型建模的构件调用的权限。网络用户端同本地用户端具有相同的权限，需要通过网络使用构件库。客户端是一个桌面应用程序，安装运行，通过网络或本地连接使用构件库。此外，网络上的构件网可以提供其他用户进行查询和构件入库申请的功能，但不能进行构件调用的操作。

四、基于BIM的预制构件库的应用

由前文论述可知，预制构件库是基于 BIM 的结构设计方法的核心，整个设计过程是以预制构件库展开的。在进行结构设计时，首先需要根据建筑设计

的需求，确定轴网标高，并确定所使用的结构体系，再根据设计需求在构件库中查询预制梁柱，注意预制梁柱的协调性，再布置其他构件，如此形成BIM结构模型，完成预设计。预设计的BIM模型需进行分析复核，当没有问题时此BIM模型就满足了结构设计的需求，结构的设计方案确定。不满足分析复核要求的BIM模型需从预制构件库中挑选构件替换不满足要求的预制构件，当预制构件库中没有合适的构件时需重新设计预制构件并入库。对调整过后的BIM模型重新分析复核，直到满足要求。确定了结构设计方案的BIM模型需进行碰撞检查等预装配的检查，当不满足要求时需修改和替换构件，满足此要求的BIM模型既满足结构设计的需求，又满足装配的需求，可以交付指导生产与施工。整个设计过程中，预制构件库中含有很多定型的通用的构件，可以提前进行生产，以保证生产的效率。因为预制构件库的作用，生产厂商不需要担心提前生产的预制构件不能用在项目结构中，造成生产的预制构件浪费的情况。

对预制构件库的管理系统而言，用户可以通过客户端对预制构件进行调用，并进行工程BIM模型的创建。BIM模型作为最后的交付成果，预制构件的选择起了很大作用，而构件库的完善程度决定了基于BIM的结构设计方法的可行性和适用性。当预制构件库不完善时，要想设计出符合用户需求的建筑，难度较大，需要单独设计构件库中还未包含的预制构件。

综上所述，BIM技术作为未来建筑发展方向，以Revit为基础，建立基于BIM的构件库，一方面，可以将设计常用的结构构件进行归并，以达到简化构件的目的；另一方面，将厂家可生产的构件录入，以方便设计人员进行选取。构件库建立之后，设计人员即可按照构件库中已有的构件进行设计和后续的建模，既方便设计，又有利于指导后期的可视化施工。

第八章　BIM在装配式构件生产中的应用

预制构件生产中需要进行生产作业计划编制、调整等多项决策，还需要对进度、库存、配送等大量信息进行管理。目前，相关企业开始采用企业资源计划（Enterprise Resource Planning，ERP）系统进行生产作业计划及生产过程管理。然而基于一般生产过程开发的ERP系统，直接应用于预制构件生产管理存在下列问题：首先，利用ERP系统进行生产管理时需人工输入大量数据，效率低下且容易出错。其次，ERP系统智能化程度较低，决策过程依然需要大量的人工干预，且难以考虑预制构件生产特点，导致决策优化程度较低、成本增加、效率降低。最后，缺乏有效的预制构件跟踪方法，只能通过定期收集的产出信息跟踪生产，生产信息时效性低下，导致生产管理较为被动且难以有效地发现生产中的潜在问题并防止问题扩大化。BIM、GA、RFID等先进技术为解决以上问题提供了可能。斯洛文尼亚学者基于BIM、RFID技术与ERP系统开发了预制构件跟踪管理系统，实现了设计、生产和施工过程中构件相关信息的集成管理与预制构件跟踪管理。熊诚等人基于BIM技术开发了PC深化设计、生产和建造环节管理平台，实现了基于库的预制构件参数化深化设计和生产吊装跟踪管理，提升了设计和信息管理效率。Yin等人基于移动计算技术开发了预制构件生产质量管理系统，实现了生产现场质量管理，避免了二次信息录入。因此，本章将从构件生产的各流程出发分析BIM技术在构件生产各环节的运用并发掘其存在的潜在价值。

第一节　预制构件生产流程

预制构件生产阶段是指设计阶段之后，生产方按照设计结果，利用一定的生产资源（如劳动力、生产器械及生产原料等），按照规范和工艺要求，组织并管理生产，最终向施工单位交付预制构件和相关材料的整个过程。

为系统分析目前国内外信息技术特别是BIM技术在预制构件生产阶段的应用研究情况，本书在对相关文献进行分析和实际调研基础上对预制构件生产阶段进行了细分。首先，从整体角度分析了预制构件生产阶段的输入输出及限制条件，建立了阶段整体模型；其次，依据主要的阶段性子目标（深化设计结果、生产方案、预制构件、构件交付）将预制构件生产阶段细分为深化设计、生产方案确定、生产方案执行、库存与交付4个子阶段；最后，对每个子阶段的主要工作内容进行了分类与概括，建立了预制构件生产阶段细分模型。

一、深化设计

由于难以全面掌握生产施工现场具体情况，设计方提供的设计结果通常无法达到生产与装配的细度要求，生产方需要在各专业设计结果基础上进行深化设计，即依据相关规范，结合生产、运输与施工实际条件，对设计结果进行补充完善，形成可实施的设计方案。例如，建筑的外挂墙板常采用先进的流水线进行生产，单块预制墙板的质量、几何尺寸等参数要受到采用的生产方案和生产方生产能力的限制。由于设计阶段生产方案还没有确定，且设计方通常难以全面把握这些生产限制条件，设计结果中外挂墙板常以不进行拆分的整体形式呈现。生产单位拿到设计结果之后，应该依据具体条件进行深化设计，即将其拆分为可以生产的外挂墙板单元，选择适当的形式与主体结构连接，进行模板设计等生产层面细度的设计，并进行构件受力验算，最后得到可实施的设计方案。深化设计的主要工作内容包括构件拆分、预留预埋设计和其他设计（如模板设计等）。

1. 构件拆分

构件拆分是指把设计结果中不利于实现的单个构件按照一定规则拆分为满足模数协调、结构承载力及生产运输施工要求的多个预制构件，并进行构件间连接设计的过程。构件拆分是深化设计中一项关键工作内容，其拆分形式对生产、运输、施工都会造成多方面影响，如预制构件的质量及大小直接影响到运输及吊装设备的选取。

在生产、运输、施工过程中，预制构件的受力状态往往有别于设计阶段所考虑的正常使用情况下受力状态，因此还应考虑生产、运输及施工的附加要求，对预制构件脱模、翻转、吊装等各个环节进行承载力、变形及裂缝控制验算。

在建筑及结构设计时，如果已考虑预制构件生产与装配过程要求，进行了构件拆分，则深化设计中不需要重复进行。

2. 预留预埋设计

预留预埋设计是指针对预制构件的预留孔洞、预埋件及配套配筋进行设计。预制构件在生产、运输与装配过程中需要用到大量预埋件以支持构件起吊与连接，而设计方案中常有其他建筑构件或设备穿过或嵌入预制构件，因此预留预埋设计必不可少。

3. 其他设计

其他设计主要包括预制构件模板设计，饰面砖排布图设计、安装平面布置设计等与预制构件间接相关内容的设计。

二、生产方案的确定

生产方案设计是指深化设计子阶段之后，考虑生产工艺、经济指标等因素及施工单位的要求，为预制构件生产任务确定具体实施方案的过程，工作内容主要包括流水线设计、生产计划、库存规划。

1. 流水线设计

首次生产前，市场分析之后，需要依据生产工艺要求，对预制构件的流水线进行设计。合理的流水线设计有利于缩短物料运输距离，避免运输路线交叉，优化设备与人员配备情况，达到提高生产效率的目的。流水线设计主要包括产能规划、设备选型、工厂规划、人员配置等。

2. 生产计划

正式投产之前需要依据交付计划编制预制构件生产计划，主要包括预制构件生产进度计划和生产资源利用计划。预制构件按订货类型可以分为按库存生产（Make To Stock，MTS）类型（如标准化门窗、瓷砖等）与ETO类型（如外挂墙板等）。MTS生产类型构件编制生产计划主要是根据市场需求编制的产能规划；ETO生产类型构件编制生产计划主要依据是符合施工进度要求的客户交货要求。合理的生产计划应在满足建设项目施工计划的前提下权衡生产效率与库存成本，实现效益最大化。

3. 库存规划

预制构件通常具有较大的质量及体积，需要对其库存堆放进行合理的规划，以便预制构件定位及存取。库存规划主要内容包括物资出入库计划、物资保管计划、物料及设备维护计划等。

三、生产方案的执行

生产方案执行是指生产方依据预制构件设计方案及生产方案，进行预制构件生产并管理的过程。其工作内容主要包括构件生产与生产管理。

1. 构件生产

构件生产是指按照预制构件设计方案及生产方案实际进行构件生产的过程，主要包括支模、钢筋及预埋件安置、浇筑、养护、拆模等工序。

2. 生产管理

生产管理是指对预制构件生产过程中进度、质量、安全等方面进行管理。

四、库存与交付

由于预制构件堆放场地较大、库存货物数量较多，应采取合理的方法进行库存定位及出入库与交付管理，避免存取货物发生混乱，提高库存管理的效率，降低管理成本。例如，斜拉桥预制边梁，上面预埋有锚索用于与索塔上的斜拉索连接，随着边梁与索塔间距的不同，预埋锚索与梁表面所成的角度也有差异，然而这些差异人工难以发现，如果没有妥善的标记与管理方法，在交付和安装的过程中容易出现错误，需要返工，造成了浪费。

1. 库存管理

库存管理是指对已产出但尚未交付的成品构件进行存储、养护管理。

2. 交付管理

预制构件交付责任方由生产方与施工方交涉决定，通常由生产方负责。由于预制构件体积和质量较大，运输时需要使用特制的车辆与堆放架。

第二节 BIM 技术在生产各阶段的应用

一、深化设计阶段

预制构件（PC 构件）经过设计院设计后，进入工厂生产阶段也可借助 BIM 技术实现由设计模型向预制构件加工模型转变，为构件加工生产进行材料的准备。在构件加工过程中实现构件生产场地的模拟并对接数控加工设备实现构件自动化和数字化的加工。在构件生产后期管理与运输过程中，围绕 BIM 平台和物联网技术实现信息化与工业化的深度融合。BIM 技术在 PC 工业化生产阶段的应用，有利于材料设备的有效控制及加工场地的合理利用，提高工厂自动化生产水平，提升生产构件质量，加快工作效率，方便构件生产管理。

1. 预制构件加工模型

装配式模型经过构件拆分，然后细化到每个构件加工模型，涉及的工作量大而烦琐。因此，在构件加工阶段需对预制构件深化设计单位提供的包含完整设计信息的预制构件信息模型进一步深化，并添加生产、加工与运输所需的必要信息，如生产顺序、生产工艺、生产时间、临时堆场位置等，形成预制构件加工信息模型，从而完成模具设计与制作、材料采购准备、模具安装、钢筋下料、埋件定位、构件生产、编码及装车运输等工作。

基于 BIM 信息化管理平台（如 BIM 5D 云平台，EBIM—现场 BIM 数据协同管理平台等），设计人员将设计成果上传到平台中，生产管理人员通过平台获取设计后的成果，包括构件模型、设计图、表格、文件等，对模型信息进行提取与更新，借助 BIM 模型和云平台实现由设计到构件加工的信息传递。

2. 预制构件模具设计

模具设计加工单位可以基于构件的 BIM 模型对预制构件的模具进行数字化的设计，即在已建好的构件 BIM 模型的基础上对其外围进行构件模具的设计。构件模具模型对构件的外观质量起着非常重要的作用，构件模具的精细程度决定了构件生产的精细程度，构件生产的精细程度又决定了构件安装的准确度和可行性。借助 BIM 技术，一方面可以利用已建好的预制构件 BIM 提供构件模具设计所需要的三维几何数据及相关辅助数据，实现模具设计的自动化；另一方面，利用相关的BIM模拟软件对模具拆装顺序的合理性进行模拟，并结合预制构件的自动化生产线，实现拆模的自动化。当模具尺寸数据或拼装顺序发生变化时，模具设计人员只需修改相关数据，并对模型进行实时更新、调整，对模具进行进一步优化来满足构件生产的需要，从源头解决构件的精细度问题。

3. 预制构件材料准备

基于BIM模型和BIM云平台，提取结构模型中各个构件的参数，利用BIM云平台及模型内的自动统计构件明细表的功能，对不同构件进行统计，确定工厂生产和现场装配所需的材料报表。在材料的具体用量上，根据深化设计后的构件加工详图确定钢筋的种类、工程量，混凝土的强度等级、用量，模具的大小、尺寸、材质，预埋件、设备管线的数量、种类、规格等。亦可通过BIM技术对构件生产阶段的人力、材料、设备等需求量进行模拟，并根据这些数据信息确定物质和材料的需求计划，进一步确定材料采购计划。在此基础上，进一步制定成本控制目标，对生产加工的成本进行精细化的管控。由BIM平台提取的数据可供管理人员用于分析构件材料的采购与存储计划，提供给材料供应单位，也可用作构件信息的数据复核，并根据构件生产的实际情况向设计单位进行构件信息的反馈，实现设计方和构件生产方、材料供应方之间信息的无缝对接，提高构件生产信息化程度。

二、生产方案的确定阶段

BIM技术在流水线设计、生产计划编制和库存规划方面都有应用潜力。

第一，设计流水线时可以直接从深化设计BIM模型中提取待生产构件的相关信息用于设计或者设计结果模拟，可避免二次信息输入。但由于实际生产过程中一条流水线往往只生产几类构件，而且设计流水线时所需构件信息也只有几何信息等有限信息，因此目前的相关研究通常是通过构件信息直接输入来完成设计流水线时产品信息导入的。

第二，生产计划编制时，可以直接从深化设计得到的BIM模型中提取准确的构件信息，用于生产过程各工序耗时估计，比传统方法更为高效和精确。

第三，BIM模型中不但包括构件信息，还包括场地信息，可以利用BIM

技术进行库存规划。建立直观的3D库存规划BIM模型，一方面与传统的2D图相比，能更为直观地展示库存规划方案，另一方面也便于直接提取场地和产品信息，可进行更精确的货物存取模拟。

1. 典型构件工业化加工设备与工艺选择

目前，PC构件的加工涉及的工业化加工设备种类主要有混凝土搅拌、运输、布料、振捣设备，钢筋加工设备，构件模具等其他设备。而涉及的工艺流程主要有固定台座法、半自动流水线法、高自动流水线法。对于不同类型的预制构件需要结合不同的工艺流程和设备来完成构件的加工。

（1）模台要求

工业化PC构件加工用模台宜选用10mm厚的整块钢板作为模台面板，模台的长度和宽度需要根据构件尺寸来定制，平整度要求较高。模台需配备自动化清扫设备，用于预制构件拆模后清除模板表面的混凝土等杂物，其清扫宽度可根据模具尺寸进行调整。通过BIM技术开展构件场地仿真模拟，调整模台尺寸、规格使其符合场地要求。

（2）混凝土供应设备选择

PC结构的混凝土供应设备应包括混凝土搅拌机、输送机、布料机等设备。PC结构的混凝土要求具有较高的和易性和匀质性、较稳定的坍落度，因此选择混凝土搅拌主机型式时要满足PC混凝土的特性，如选用双卧轴式搅拌机。通过BIM技术模拟混凝土供应设备的行走路线使其符合场地规划要求，通过BIM技术仿真混凝土供应输送量，保证工艺流程的完整性和连续性，混凝土搅拌好后将其从混凝土搅拌站输送到混凝土布料机，输送的过程中通过操控室和操控平台操作控制在特定的轨道上行走，然后通过操作台或遥控控制均匀定量地将混凝土浇筑在构件模型里。

（3）钢筋加工设备选择

钢筋是PC构件的重要受力材料，PC建筑的工业化程度的高低很大程度上取决于钢筋加工的机械化水平。通过BIM技术仿真钢筋加工过程保证后续钢筋工程等相关工作的完整性与连续性，减少窝工、材料堆放不合理等不利于施工组织的现象发生。钢筋加工设备主要包括钢筋调直与切断设备、自动弯箍与弯曲设备、钢筋电焊与焊网设备等。

（4）其他功能性设备选择

PC构件工厂需配备与生产线上轨道输送线、控制系统一起操作的模台平移摆渡设备，用于模台工位之间的随时移动。PC构件主材投料过程及完成投料后，需要将模具中的混凝土刮平使其表面平整，并将构件振实成型，因此需配备规格合理的赶平及振动设备。该过程全部工艺流程均通过BIM技术相关软件来实现，工艺模拟的精细化程度涉及部分PC构件混凝土静养初凝后表面进行的拉毛处理，保证构件粗糙面与后浇部分的混凝土黏结性能良好。

（5）构件养护与厂内运送设备

构件养护区配备蒸养窑，养护过程由养护窑温度控制系统控制窑内的温度、湿度，通过升温、恒温、降温的过程完成构件的蒸养。而振捣成型的混凝土构件输送到蒸养窑，养护后的预制构件从蒸养窑运送到生产线，构件脱模位置需配备码垛机。生产流程后期构件脱模后需配备将构件从平躺状态侧翻成竖立状态便于吊装运输的侧翻设备，侧翻后的构件通过配置自动电缆收放系统的运输机从生产车间运输到堆场。厂内运输的所有设备均通过BIM技术仿真模拟，包括设备的摆放、构件生产后的设备行走路径与设备协调、构件移动与堆放等。

2. 主要生产工艺模拟与分析

目前PC构件的生产加工工艺大部分采用的是半自动流水线生产，也可以选择传统固定台座法或高自动流水线法。生产工艺的选择首先通过BIM技术开展工艺流程模拟，以4D的形式展示生产过程及构件生产线上可能出现的技术缺陷，通过4D会议的方式解决遇到的问题，从而选择适合项目的最优生产工艺。

固定台座法是在构件的整个生产过程中，模台保持固定不动，工人和设备围绕模台工作，构件的成型、养护、脱模等生产过程都在台座上进行。固定台座法可以生产异型构件，适应性好、比较灵活、设备成本低、管理简单，但是机械化程度低、消耗人工较多、工作效率低下，适用于构件比较复杂，有一定的造型要求的外墙板、阳台板、楼梯等。

而采用半自动流水线法生产，整个生产过程中，生产车间按照生产工艺的要求划分工段，每个工段配备专业设备和人员，人员、设备不动，模台绕生产工段线路循环运行，构件的成型、养护、脱模等生产过程分别在不同的工段完成。半自动流水线法，设备初期投入成本高、机械化程度高、工作效率高，可以生产多品种的预制构件，如内墙板、叠合板等。

高自动流水线法与半自动流水线法类似，自动化程度更高，设备人员更加专业，构件生产的整个过程为一个封闭的循环线路，目前国内运用较少，国外发达国家在构件生产方面应用较多。

三、生产方案的执行阶段

通过与 ERP 与 PDA 技术结合，BIM 技术也可以用于构件生产与质检管理。构件生产和质量检测都需要利用构件深化设计信息，可以直接通过移动终端获取构件的 BIM 模型信息，并反馈生产状态和质检结果，有利于解决目前生产现场对纸质化构件加工图的依赖，提高生产效率。

1. 构件加工

目前，借助 BIM 技术，辅助预制构件生产加工的方式主要有两种，一种是将预制构件 BIM 加工模型与工厂加工生产信息化管理系统进行对接，实现构件生产加工的数字化与自动化；另一种便是借助 BIM 技术的模拟性、优化性和可出图性，对构件、模具设计数据进行优化后，导出预制构件深化设计后的加工图及构件钢筋、预埋件等材料明细表，以供技术操作人员按图加工构件。

（1）BIM 模型对接数控加工设备

在 PC 构件的工厂生产加工阶段，传统的生产方式是操作人员根据设计好的二维图将构件加工的数据输入加工设备，这种方式，一方面，由于工人自身的业务能力会出现图理解不够透彻，导致数据偏差问题；另一方面，一套 PC 建筑所涉及的构件种类数量、材料等信息量较大，人工录入不但效率低下，而且在录入的过程中难免会出现误差。而在构件生产加工阶段，可以充分利用 BIM 模型实现构件数字化和自动化的制造。利用 Revit、PKPMPC、Tekla Structures 等软件建立的三维模型与工厂加工生产信息化管理系统进行对接，将 BIM 的信息导入数控加工设备，对信息进行识别。尤其可以实现钢筋加工的自动化，把 BIM 模型中所获得的钢筋数据信息输出到钢筋加工数控机床的控制数据，进行钢筋自动分类、机械化加工，实现钢筋的自动裁剪和弯折加工，并利用软件实现钢筋用料的最优化。另外，在条件允许的情况下，将 BIM 建模与构件生产自动化流水线的生产设备对接，利用 BIM 模型中提取的构件加工信息，实现PC构件生产的自动画线定位、模具摆放、自动布筋、预埋件固定、混凝土自动布料、振捣找平等。数据信息的传递实现无纸化加工、电子交付，减少人工二次录入带来的错误，提高工作效率。

（2）BIM模型导出构件加工详图

在没有条件实现BIM模型对接数控加工设备的情况下，基于预制构件加工信息模型，可以将模型数据导出，进行编号标注，自动生成完整的构件加工详图，包括构件模型图、构件配筋图及根据加工需要生成的构件不同视角的详图和配件表等。借助BIM平台实现模型与图纸的联动更新，保证模型与图纸的一致性，加工图可由预制构件加工模型直接发布成DWC图，减少错误，提高不同参与方之间的协同效率。工人在构件加工的过程中，应用深化设计后生成的构件加工详图（包括构件模型图、构件配筋图、构件模具图、预埋件详图等）和构件材料明细表等数据辅助工人识图，进行钢筋的加工、模具的安装等。利用模型的三维透视效果，对构件隐蔽部分的信息进行展示，对钢筋进行定位，确定预埋件、水电管线、预留孔洞的尺寸、位置，有效展示构件的内部结构，便于指导构件的生产。避免由于技术人员自身的理解能力和识图能力问题造成构件加工的误差，提高构件生产的精细度。

2. 构件生产管理

在构件的生产管理阶段，将预制构件加工信息模型的信息导出规定格式的数据文件，输入工厂的生产管理信息系统，指导安排生产作业计划。借助BIM模型与BIM数据协同管理平台结合物联网技术在构件生产阶段在构件内部植入RFID芯片，该芯片作为构件的唯一标识码，通过不断搜集整理构件信息将其上传到构件BIM模型及BIM云平台中，记录构件从设计、生产、堆放、运输、吊装到后期的运营维护的所有信息。在BIM云平台打印生成构件二维码，并将其粘贴在构件上，通过手机端扫描二维码掌握构件目前的状态信息。这些信息包含构件的名称、生产日期、安装位置编号、进场时间、验收人员、安装时间、安装人员等。无论是管理人员还是构件安装人员，都可以通过扫描二维码的方式对构件的信息进行从工厂生产到施工现场的全过程跟踪、管理，同时通过云平台在模型中定位构件，指导后续构件的吊装、安放等。利用BIM云平台＋物联网技术对构件进行生产管理，能够实时显示构件当前状态，便于工厂管理人员对构件物料的管理与控制，缩短构件检查验收的程序，提高工作效率。

基于BIM的信息化管理平台生产管理人员将生产计划表导入BIM云平台，根据构件实际生产情况对平台中的构件数据进行实时更新，分析生成构件的生产状态表和存储量表，根据生产计划表和存储量表对构件材料的采购进行合理安排，避免出现材料的浪费和构件生产存储过多出现场地空间的不足问题。

其中比较有代表性的某公司装配式智慧工厂信息化管理平台，集成了信息化、BIM、物联网、云计算和大数据技术，面向多装配式项目、多构件工厂，针对装配式项目全生命周期和构件工厂全生产流程进行管理，目前主要包括如下几个管理模块:企业基础信息（企）、工厂管理、项目管理、合同管理（企）、生产管理、专用模具管理、半成品管理、质量管理、成品管理、物流管理、施工管理、原材料管理。平台主要有如下功能和特点:

（1）实现设计信息和生产信息的共享

平台可接收来自 PKPMPC 装配式建筑设计软件的设计数据：项目构件库、构件信息、图纸信息、钢筋信息、预埋件信息、构件模型等，实现无缝对接。平台和生产线或者生产设备的计算机辅助制造系统进行集成，不仅能从设计软件直接接收数据，而且能够将生产管理系统的所有数据传送给生产线或者某个具体生产设备，使得设计信息通过生产系统与加工设备信息共享，实现设计、加工生产一体化，不需要构件信息的重复录入，避免人为操作失误。更重要的是，将生产加工任务按需下发到指定的加工设备的操作台或者 PLC 中，并能根据设备的实际生产情况对管理平台进行反馈统计，这样能够将构件的生产领料信息通过生产加工任务和具体项目及操作班组关联起来，从而加强基于项目和班组的核算，如废料过多、浪费高于平均值给予惩罚，低于平均值给予奖励，从而提升精细化管理，节约成本。

生产设备分为钢筋生产设备和 PC 生产设备两大类。管理平台已经内置多个设备的数据接口，并且在不断增加，同时考虑到生产设备本身的升级导致接口版本的变更，所以增加“设备接口池”管理，在设备升级时，接口通过系统后台简单的配置就能自动升级。

（2）实现物资的高效管理

平台接收构件设计信息，自动汇总生成构件。

根据 BOM(Bill Of Material，物料清单），制订物资需求计划，然后结合物资当前库存和构件月生产计划，编制材料请购单，采购订单从请购单中选择材料进行采购，根据采购订单入库。材料入库后开始进入物资管理的一个核心环节——出入库管理。物资出入库管理包括物资的入库、出库、退供、退库、盘点、调拨等业务，同时各类不同物资的出入库处理流程和核算方式不同，需要分开处理。物资出入库业务和仓库的库房库位信息进行集成，不同类型的物资和不同的仓库关联，包括原材料仓库、地材仓库、周转材料仓库、半成品仓库等。物资按项目、用途出库，系统能够实时对库存数据进行统计分析。

物资管理还提供了强大的报告报表和预告预警功能。系统能够动态实时生成材料的收发存明细账、入库台账、出库台账、库存台账和收发存总账等。系统还可以按照每种材料设定最低库存量，低于库存底线自动预警，实时显示库存信息，通过库存信息为采购部门提供依据，保证了日常生产原材料的正常供应，同时避免因原材料的库存数量过多积压企业流动资金，提高企业经济效益。

（3）实现构件信息的全流程查询与追踪

平台基于设计、生产、物流、装配四个环节，以PC构件全生命周期为主线，打通了装配式建筑各产业链环节的壁垒。基于BIM的预制装配式建筑全流程集成应用体系，集成PDA、RFID及各种感应器等物联网技术，实现了对构件的高效追踪与管理。通过平台，可在设计环节与BIM系统形成数据交互，提高数据使用率；对PC构件的生产进度、质量和成本进行精准控制，保障构件高质高效地生产，实现构件出入库的精准跟踪和统计；在构件运输过程中，通过物联网技术和GPS进行跟踪、监控，规避运输风险；在施工现场，实时获取、监控装配进度。

四、库存与交付阶段

在生产运输规划中需要考虑以下几个方面的问题：

1. 住宅工业化的建造过程中，现场湿作业减少，主要采用预制构件，由于工程实际需要，一些尺寸大的预制构件往往受到当地的法规或实际情况的限制，需要根据构件的大小及精密程度，规划运输车次，做好周密的计划安排。

2. 在确定构件的运输路线时，应该充分考虑构件存放的位置及车辆的进出路线。

3. 根据施工顺序编制构件生产运输计划，实现构件在施工现场零积压。

要解决以上几个问题，就需要BIM信息控制系统与ERP进行联动，实现信息共享。利用RFID技术根据现场的实际施工进度，自动将信息反馈给ERP系统，以便管理人员能够及时做好准备工作，了解自己的库存能力，并且实时反映到系统中，提前完成堆放等作业。在运输过程中，需要借助BIM技术相关软件根据实际环境进行模拟装载运输，以减少实际装载过程中出现的问题。

在该阶段目前主要是利用BIM建模进行构件交付完成情况的展示。部分学者针对预制构件采购中供应链管理效率低下、纸质化信息不及时等问题，开发了建筑供应链管理系统，可以直接利用BIM的构件信息通过网络寻找预制构件供应商，并利用BIM与地理信息系统（Geographic Information System，GIS）技术实现订单完成进度的实时展示。

第三节　基于BIM技术的构件生产关键技术

一、物联网技术

物联网（Internet Of Things）的概念在1999年首次提出，它是指将安装在各种物体上的传感器、RFID Tag电子标签、二维码标签和全球定位系统通过与无线网络相连接，赋予物体电子信息，再通过相应的识别装置，以实现对物体的自动识别和追踪管理。物联网最鲜明的特征是全面感知、可靠传播和智能处理。相应地，其技术体系包括感知层技术、网络层技术、应用层技术。物联网可以广泛地应用于产品生产管理的方方面面，如物料追踪、工业与自动化控制、信息管理和安全监控等，运用在工程项目的物料追踪中可大大提高现场信息的采集速度。

1. 二维码技术

二维码（QR-code）是按一定规律使用二维方向上分布的黑白相间的图形来记录数据信息的符号，相比传统的一维条码技术，它具有信息容量大、抗损能力强、编码范围广、译码可靠性高、成本低、制作简单等优点，能够存储字符、数字、声音和图像等信息。二维码的应用主要包括两种：一种是二维码可以作为数据载体，本身存储大量数据信息；另一种是将二维码作为链接，成为数据库的入口。二维码的生成很简单，对印刷要求不高，普通打印机即可直接打印。随着移动互联网的兴起，各种移动终端都可对二维码进行扫描识别，进行电子信息的传递，大大提高了信息的传递速度。在工程项目中，通过相关软件生成构件的二维码，并粘贴到构件表面，现场工作人员可直接扫描构件二维码来读取构件的信息并在移动终端上完成相关操作，实现信息的及时录入和读取，改变了传统的工作方式。

二维码技术是BIM信息管理平台中的重要应用技术之一，二维码能与构件一一对应，是连接现实与模型的媒介。通过移动终端扫描二维码可以定位构件模型，各参与方管理人员要能清楚地查询和更新与构件有关的基本属性、扩展属性、构件状态和相关任务。

（1）基本属性应包括构件的名称、ID、类别、楼层、位置、尺寸、质量、钢筋数量及规格、预埋件种类及个数、材质等。

（2）扩展属性应包括构件生产到过程信息的构件厂商、生产人员、堆放区、出厂日期、运输方、运输车车牌、驾驶员姓名、进场时间、施工单位、施工班组、施工日期、检验人员、相关表单和资料附件等。

（3）构件状态应能反映构件从发送订单、生产、堆放到运输和吊装验收全过程的跟踪记录，包括构件状态、跟踪时间、跟踪人员、跟踪位置和相关照片等，实现全过程的可追溯。

（4）相关任务应包括构件所属的任务名称、工期、计划开始、计划完成、实际开始、实际完成、责任人、相关人等。

2.RFID技术

RFID（Radio Frequency Identification，无线射频识别）是一种非接触式的自动识别技术，通过与互联网技术相结合，不需要人工干预即可完成对目标对象的识别，并获取相关数据，从而实现对目标物体的跟踪和信息管理，它具有穿透性、环境适应能力强和操作快捷方便等优势。该技术自20世纪80年代之后呈现出高速发展势头，逐渐成为目前应用非常广泛的一种非可视接触式的自动识别技术。早在“二战”时期，RFID的技术原理就已明确。基于无线电数据技术的侦察技术成为识别敌我双方飞机、军舰等军事单位的有效工具。但是由于其较高的使用成本，使得该项技术在“二战”结束之后未能走入民用领域，仅在军事领域得到了重要应用。直至20世纪80年代，在电子信息技术与芯片技术创新发展的推动下，RFID技术逐渐走入民用领域，并在技术进步的支持下迅速成为各个领域最为重要的识别技术之一，极大地提升了各个领域的自动化识别与管理水平。目前典型应用于货物运输管理、门禁管制和生产自动化等。RFID 的应用体系基本上由三部分组成。电子标签（RFID Tag）：由芯片和耦合元件构成，电子标签上可进行信息的直接打印，附着在目标物体上进行标识，是射频识别系统的数据载体，同时每一个标签具有唯一的编码，可以实现标签与物体的一一对应。标签按是否自带能量可分为无源标签和有源标签，前者不用电池，从阅读器发出的微波信号中获取能量，后者自带能量供电；按工作频率分可分为低频标签、高频标签和超高频标签。读写器（Reader）：用于读取和写入标签信息的设备，一般可分为手持式和固定式，主要任务是实现对标签信息的识别和传递。天线（Antenna）：标签和阅读器间传递数据的发射 / 接收装置，我国现有读写器在选择不同天线的情况下，读取距离可达上百米，可以对多个标签进行同时识别。RFID 技术的基本原理是阅读器通过天线发出一定频率的射频信号，当标签进入天线辐射场时，产生感应电流从而获得能量，发出自身编码所包含的信息，阅读器读取并解码后发送至计算机主机中的应用程序进行有关处理。

二、GIS技术

GIS 是在计算机硬件系统与软件系统支持下，以采集、存储、管理、检索、分析和描述空间物体的定位分布及与之相关的属性数据，并回答用户问题等为主要任务的计算机系统，是一门综合性的新兴学科，其涉及的技术囊括了计算机科学、地理学、测绘学、环境科学、城市科学、空间科学、信息科学和管理科学等学科，并且已经渗透国民经济的各行各业，形成了庞大的产业链，与人们的生活息息相关。

从 20 世纪 90 年代的科学与技术发展的潮流和趋势看，应从三个方面来审视地理信息系统的含义。首先，地理信息系统本质上是一种计算机信息技术，管理信息系统是它应用的一个方面。其次，地理信息系统的基本特点是对空间数据的采集、处理与存储，强大的空间分析能力可以帮助人们分析一些解决不了的难题，这就使得其成为一种强有力的辅助工具。最后，地理信息系统是人的思想的延伸。地理信息系统的思维方式与传统的直线式思维方式有很大不同，人们能从极大的范围关注到与地理现象有关的周围的一些现象变化及这些变化对本体所造成的影响。地理信息系统是与地理位置相关的信息系统，因此它具有信息系统的各种特点。

1. 具有空间性

GIS 技术的基础是空间数据库技术，其空间数据分析技术也是建立在这个基础上的。所有的地理要素，只有按照特定的坐标系统的空间定位，才能使具有地域性、多维性、时序性特征的空间要素进行分解和归并，将隐藏信息提取出来，形成时间和空间上连续分布的综合信息基础，支持空间问题的处理与决策。

2. 具有时间性和动态性

地理要素时刻处于变化之中，为了真实地反映地理要素的真正形态，GIS 也需要根据这些变化依时间序列延续，及时更新、存储和转换数据，通过多层次数据分析为决策部门提供支持。这就使其获得了时间意义。

3. 能够分析处理空间数据

GIS 最不同于其他信息系统的地方在于其强大的空间数据分析功能，计算机系统的支持能使地理信息系统精确、快速、综合地对复杂的地理系统进行过程动态分析和空间定位，并对多信息源的统计数据和空间数据进行一定的归并分类、量化分级等标准化处理，使其满足计算机数据输入和输出的要求，从而实现资源、环境和社会等因素之间的对比和相关分析。

4. 可视化的处理过程

GIS 信息分为图形元素和属性信息两个部分，通过一定的技术可以把空间要素以图形元素的形式清晰地展现在计算机上，并关联上一定的属性信息，使用户得到一个易于理解的可视化图层文件。

三、基于云技术的BIM协同平台

基于云技术的 BIM 协同设计平台是指将云计算中的理念和技术应用到 BIM 中，云端的服务器采用分布式的非关系型数据库，将建设工程项目的海量数据存储在云端，数据交换基于但不局限于当下通用的 IFC 标准格式。同时，在客户端搭建一个面向建设工程项目全生命周期的协同设计平台，该平台能够为分布于不同时间和地点的用户提供云端服务，使得与项目相关的各方人员能在同一平台上工作，实现了各个项目参与方之间的协同工作，增强了项目参与方之间的沟通与信息交流，提高了工作效率，也促进了建筑业的现代化与信息化。云计算在BIM协同设计平台中的应用起步不久，但是其巨大的潜力已被认可。首先，建设工程项目的全生命周期统领在一个协同平台下，有助于打破不同项目进程之间的堡垒，保证项目的完整性；其次，对各专业设计者而言，基于云技术的协同设计平台，有助于他们完成整个设计流程，使设计变更的成本降低、效率大幅提升；再次，使用云为基础的项目服务可以通过扩展来降低硬件成本和总成本，这是业主乐于看到的；最后，各个BIM软件供应商可以创建新的工具和云部署的系统，来吸引更为广泛的用户群。

1. 协同平台基本构架

基于云技术的BIM协同设计平台将建设工程的海量设计资料、设计信息存储在云端，云端的服务器采用分布式非关系型数据库，通过数据切分、数据复制等技术手段保证项目数据的完整性、安全性，同时保证数据的传输速率；客户端的用户可以接入云端，使用在云端服务器上的各种BIM软件，通过协同平台的模块功能进行三维协同设计、信息交互等一系列活动，设计成果如BIM模型和设计图等信息也存储在云端数据库中，其他获得权限的设计人员可以随时访问服务器并获得相应数据信息。云端的服务器为客户端提供了进行协同设计的软件环境、计算能力和存储能力，从而降低了客户端计算机的硬件成本，即降低了协同设计的成本。云端的服务器可以根据建设工程项目的大小进行调整，来迎合不同客户的需求。总体来讲，其数据库可以分为三层：数据获取和流量控制层、数据上传和提取层以及数据存储层。客户端即BIM协同设计平台的功能模块可分为七个：BIM模块、任务及时间进度管理模块、安全及权限管理模块、冲突检测和设计变更模块、法律条规检测模块、知识管理模块以及基于BIM模型的拓展功能分析模块。在协同设计平台中，BIM模型、任务及时间进度管理模块和安全及权限管理模块这三个模块是整个协同平台的功能基础；冲突检测和设计变更模块、法律条规检测模块通过这三个基础模块得以实现，为提升协同化设计的质量服务，知识管理模块贯穿整个协同设计过程。另外，鉴于部分BIM软件如Revit提供API接口，所以设置基于BIM模型的拓展功能分析模块，可以给BIM模型提供光照分析、能量分析和造价概算等。

2.4D BIM

通常将时间属性视为除了 3D(x，y，z) 环境之外的第四维度，即 4D(I，x，y，z) 环境。4D BIM 将施工进度计划与 3D BIM 模型相结合，以视觉方式模拟项目的施工过程，通过将每个构件与其对应的时间信息相连接的方式实现施工的动态化管理。施工模拟使业主和利益相关者能够在项目开始之前对现场施工情况在三维的环境中进行观察，这可以帮助他们做出更好的决策并制订更有利可图的财务计划。这种动态模拟能够帮助发现施工过程中可能发生的冲突和设计中的错误，如现场材料布局冲突、资源配置冲突和一些进度计划中的逻辑错误。施工活动具有严格的逻辑顺序，这意味着一些工作只能在其他工作完成后开始，任何进度计划表中的逻辑错误都可能导致整个项目的财务损失和延迟。在开始工作之前检查进度计划的合理性很重要，这正是 4D 模拟可以帮助实现的。与传统的二维方法相比，以可视化方式审查施工计划并与其他参与者进行沟通比较容易。可以通过 4D 工具生成动画视频，展示项目的整个生产过程，它使承包商和现场施工人员更好地了解他们的工作应该于何时何地开始和完成。4D 模型也可用于分析与结构和现场问题相关的安全问题，对结构进行施工过程中实时的受力计算来评估施工风险。一些施工中搭建的临时结构如脚手架和围栏等也可以在模拟过程中进行统计和分析，这有助于施工管理人员监控现场。4D 进度管理可以运用在项目的所有阶段。在预构建阶段，使用 4D 模拟来检测进度计划或设计中的错误，有助于减少冲突。在施工期间，进度信息应由相关人员及时更新，之后利用 4D 工具进行计划施工进度与实际施工进度的比较，项目经理应该意识到滞后或提前工期的后果，对工作计划进行及时调整。

LOD 的规定在 4D 模拟中扮演着重要角色，模型达到的精细程度越高，施工模拟的可靠性及精度越高。项目所有者及项目经理应该考虑投资和回报之间的关系，慎重决定模型应该实现的 LOD 等级。建筑行业已经意识到将进度计划与 BIM 模型结合在一起的优势，越来越多的 4D 工具相继被开发利用，以满足施工模拟的需求。

参考文献

[1] 刘宇青 . 建筑装饰工程中 BIM 技术应用关键点的分析 [J]. 绿色环保建材 ,2021(6):152-153.

[2] 陈献友 , 李芬花 , 赵萌萌 , 等 .BIM 技术在渡槽设计中的应用 [J]. 水利技术监督 ,2021(6):63-67.

[3] 薛宗煜 , 冯振林 .BIM 技术在新加坡地铁某车站主体结构的应用研究 [J]. 中小企业管理与科技 (中旬刊),2021(6):172-174.

[4] 赵万库 . 基于 BIM 技术的三维模型在不动产登记中的应用 [J]. 中国科技信息 ,2021(12):43-44.

[5] 米丽梅 .BIM 技术在建筑工程施工设计及管理中的应用 [J]. 山西建筑 ,2021,47(12):188-190.

[6] 田诗怡 .BIM 技术在精装修设计中的应用初探 [J]. 房地产世界 ,2021(11):116-118.

[7] 成丽媛 .BIM 技术在古建筑中的应用探讨 [J]. 砖瓦 ,2021(6):78-79.

[8] 石峰 .BIM 技术在全过程工程造价管理中的应用研究 [J]. 砖瓦 ,2021(6):154-155.

[9] 时悦 .BIM 技术在城市轨道交通工程供电系统中的应用研究 [J]. 中国设备工程 ,2021(11):205-206.

[10] 杨延茹 .BIM 技术在房屋构造课程教学中的应用：以山东华宇工学院为例 [J]. 黑龙江科学 ,2021,12(11):112-113.

[11] 陈烨 . 基于 BIM 技术的绿色建筑运营成本测算与应用研究 [J]. 建筑经济 ,2021,42(6):53-56.